# 负压排渣钻孔定点取样过程煤屑-气流动特性研究

张宏图　著

中国矿业大学出版社
·徐州·

## 内容简介

本书以负压取样时煤屑-气流动为研究对象，采用理论分析与数值模拟相结合的研究方法，重点研究取样钻杆转动对取样时煤屑-气流动特性的影响，确定最佳取样钻杆转速的范围，建立负压取样时的临界取样风速与压降预测模型。

本书适合安全工程、矿务加工等专业的教师和学生参考使用。

**图书在版编目（CIP）数据**

负压排渣钻孔定点取样过程煤屑-气流动特性研究 / 张宏图著 . -- 徐州 : 中国矿业大学出版社 , 2023.7

ISBN 978-7-5646-5890-8

Ⅰ . ①负… Ⅱ . ①张… Ⅲ . ①煤层瓦斯-瓦斯含量-采样-研究 Ⅳ . ① TD712

中国国家版本馆 CIP 数据核字( 2023 )第 134265 号

**书　　名**　负压排渣钻孔定点取样过程煤屑-气流动特性研究

**著　　者**　张宏图

**责任编辑**　于世连

**出版发行**　中国矿业大学出版社有限公司

（江苏省徐州市解放南路　邮编 221008）

**营销热线**　(0516)83885370　83884103

**出版服务**　(0516)83995789　83884920

**网　　址**　http://www.cumtp.com　**E-mail:** cumtpvip@cumtp.com

**印　　刷**　徐州中矿大印发科技有限公司

**开　　本**　787 mm × 1092 mm　1/16　**印张** 9　**字数** 166 千字

**版次印次**　2023 年 7 月第 1 版　2023 年 7 月第 1 次印刷

**定　　价**　40.00 元

# 前　言

煤层瓦斯含量是煤矿瓦斯灾害防治的重要基础参数，钻孔负压排渣定点取样是一种具有发展潜力的取样方法。目前，有关负压取样煤屑 - 气流动的研究基于取样钻杆处于静止状态，这与工程实际中取样时取样钻杆具有一定转动不相符。为此，本书以负压取样时煤屑-气流动为研究对象，采用理论分析与数值模拟相结合的研究方法，重点研究取样钻杆转动对取样时煤屑-气流动特性的影响，确定最佳取样钻杆转速的范围，建立负压取样时的临界取样风速与压降预测模型，为完善负压取样提供理论支撑。

基于上述研究取得有益研究成果如下：(1) 基于气固两相流理论和牛顿第二定律确定了煤屑在流场内的受力组成，对煤屑-煤屑、煤屑-钻杆壁面碰撞过程进行分析，得到了碰撞力学运动方程。根据连续方程和动量守恒定律，建立了气固两相流控制方程。(2) 利用 CFD-DEM 耦合方法，从流场速度、压力分布及煤屑运动等多个方面对钻杆转速、煤屑质量流量对煤屑-气流动特性的影响进行了分析。(3) 分析负压取样中临界取样风速的界定及物理定义，使用煤屑沉积速度来表征临界取样风速并进行不同转速下煤屑沉积速度模拟研究。(4) 研究不同参数对钻杆内压降特性的影响。(5) 基于 CFD-DEM 耦合模拟算法，建立钻孔-钻头-钻杆一体化流体域模型，研究了不同钻孔倾角（上向钻孔 15°～60°、下向钻孔 -60°～-15° 及水平孔 0°），不同取样风速时负压取样气力输送特性，发现了在纯气相输送时，气流轴向速度和切向速度在靠近钻头流体孔位置处（0～0.5 m 段）波动较大，在钻杆中后段（0.5～2 m）趋于稳定。随着钻孔仰角（上向孔）逐渐增加，钻杆内部气流涡流增强，靠近钻头流体孔处出现旋流。负向倾角（下向孔）时，旋流出现在流体域中后段。随着钻杆负向倾角增大气旋螺距增大，钻头流体孔处高速气流区范围逐渐减小。(6) 煤屑-气两相流负压输送时，在上向钻孔取样时随着钻杆仰角（上向孔）增大，钻孔底部煤屑堆积数目逐渐减小，煤屑速度逐渐增大，钻头流体孔截面处高速颗粒逐渐增多，易聚集在钻杆中心；当仰角增大至 30° 及以上时，钻杆内煤屑实际质量流率接近给定煤屑生成值。负向倾角（下向孔）取样时，随着俯角增大，钻孔底部煤屑堆积数目逐渐增大，流入钻杆内部的颗粒逐渐减少，流体孔截面处中低速煤屑增多且较为分散。当钻杆俯角增大到 −45° 时，风速 20 m/s 下的真实煤屑颗粒取出率只为 25% 左右。(7) 倾斜钻孔取样时，钻杆内煤屑-气两相流的压降曲线呈现急速上升和平稳上升两个阶段，随着钻孔倾角由负向到正向变化，两相流的总压降逐渐降低。钻杆内的压降随取样风速的增加先减小后增大，但随钻杆转速的增加逐渐降低。

由于作者水平有限，书中难免存在错误之处，请读者批评指正。

作　者

2023 年 3 月于河南理工大学

# 目　录

# 第 1 章 绪 论

## 1.1 研究背景和研究意义

随着我国浅部煤炭资源的进一步减少，煤炭开采逐渐向深部迈进并成为新常态。煤矿开采深度不断加深，矿井瓦斯灾害成为制约煤矿安全高效开采的重要因素。煤层瓦斯含量是煤矿瓦斯主要基础参数之一。依据《防治煤与瓦斯突出细则》中有关规定，采用预抽煤层瓦斯作为区域防突措施，应当以预抽区域的煤层残余瓦斯压力或残余瓦斯含量为主要指标或其其他经试验证实有效的指标和方法进行措施效果检验。因而，煤层瓦斯含量准确测定成为了瓦斯灾害防治的重要研究课题。

目前，我国主要采用直接法测定煤层瓦斯含量。根据国家标准煤层瓦斯含量测定主要采用解吸法，其测定过程分为三步：在采样地点打孔定点排渣取样；井下进行解吸试验测定瓦斯解吸量；地面解吸试验测定残存瓦斯含量，且需在 5 min 内完成井下取样测定工作。其中，后两步技术较为成熟，对煤层瓦斯含量测定值影响较小，煤层瓦斯含量测定结果误差的主要来自第一步——取样方法。目前煤层瓦斯含量测定常用取样方法为孔口接样法和取芯法。孔口接样法易发生“混样”现象造成测定值偏低；而取芯法过程操作繁琐、时间长、瓦斯逸散增大。为此，河南理工大学提出了负压排渣定点取样法（以下简称“负压取样法”）测定煤层瓦斯含量。

负压排渣定点取样法原理如图 1-1 所示。

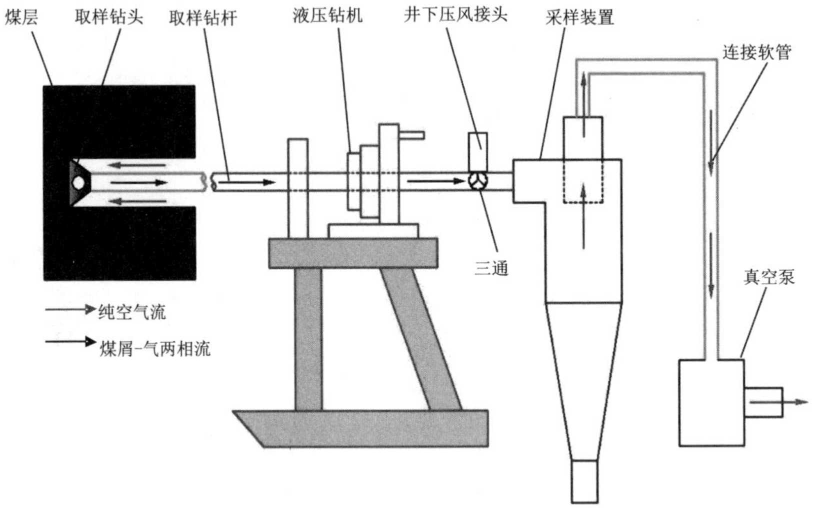


图 1-1　负压排渣定点取样法原理

负压取样法测定煤层瓦斯含量，包含快速定点取样和瓦斯含量测定两个过程。负压取样法系统包括取样钻头、取样钻杆、动力装置和接样装置。其中，取样钻头-钻杆（由于取样钻头-钻杆具有相同转速，以取样钻杆的转速代指取样钻头-钻杆转速）是取样系统的关键构件。煤屑从煤壁剥落后通过取样钻头处的流体孔进入取样钻杆内并输送至接样装置，进而实现快速取样。前期相关研究成果主要基于取样钻杆为静止状态且钻孔角度为 0，这与工程实际中取样钻杆具有一定转速不符。研究钻杆转动以及钻孔倾角对煤屑-气流动特性影响、确定合理临界取样风速、减小取样系统压降将为进一步完善负压取样技术提供理论支撑。

## *1.2*　研究现状

### 1.2.1　水平气力输送过程压降特性研究现状

气力输送是以气体为载体，在封闭管道内沿着气流流动方向输送物料的一种输送方式。按照工作原理，气力输送分为吸送式气力输送、压送式气力输送；根据输送物料的占比，气力输送可分为稀相气力输送与密相气力输送。负压取样就是稀相吸送式气力输送在煤层瓦斯含量测定的应用。在负压取样过程中，压降是取样重要的设计参数，受许多因素的影响。

#### 1.2.1.1 试验研究

煤屑尺寸是影响钻杆压降的重要因素。① Hyder 等[1]研究发现：在水平气力输送中，相同质量流量下平均粒径大的煤粉造成的压降高于平均粒小的煤粉造成的压降；当管道内固气比增加时，小粒径煤粉与大粒径煤粉压降逐渐接近。② 李丹阳[2]等认为：在相同气相速度下小颗粒在管道中易获得加速度，在管道内分布较为均匀；颗粒粒径越大，水平管道内压降越大。

管道是气力输送时物料流动的重要场所。管道内径、壁面粗糙度均会影响气力输送压降。① Laouar 等[3]研究了在非常低的气流速度（小于 0.2 m/s）下的管道压降特性，发现：压降与流态和管道内径无关，但这只适用于风速较低的情况。② Behera 等[4]建立了稀相气力输送压降预测模型，发现：壁面粗糙度是影响管道压降的重要参数。③ 沈骝[5]利用相图研究了不同倾斜管道压降特性，其研究结果表明：一定倾斜角度的管道下压降随着风速增加而先减小后增加；在同一风速下，压降随着颗粒质量流量增加而增大。

物料含水率是影响两相流特性的重要参数，制约了物料的流动性。① Qian 等[6]利用氮气作为载体进行气力输送煤粉试验，研究了煤的含水率对压降的影响，发现：粉煤的流动性随着含水率的增加而变差；在相同的参数条件下，压降随着水分含量的增加而降低。② Lin 等[7]通过压力传感器与粒子图像测速仪得到管道螺旋流的压降与最小压降速度，其研究结果表明：在低风速下降低螺旋流的旋流数时，压降减小；在高风速下，压降变化趋势相同但差值减少。③ Tripathi 等[8-9]对气力输送进行了深入研究，基于大量试验数据发现：压降与流体速度之间存在线性关系；还发现：阿基米德数对压降影响显著。

#### 1.2.1.2 数值模拟研究

（1）以计算流体动力学为基础的数值模拟

目前试验研究周期长、费用高，极大限制了研究进展。数值模拟周期短，有效缩短了时间和资金成本，得到诸多学者关注。以计算流体动力学（Computational Fluid Dynamic，CFD）为基础的数值模拟方法已成为研究管道气力输送重要的研究手段。

Cui 等[10]基于颗粒流动理论，采用双流体模型对水平管道内流动特性进行了分析，发现：采用 CFD 对水平管道内流动特性考察是行之有效的。

Makwana 等[11]使用 CFD 模拟分析了沙丘流对气力输送过程压降的影响。

苗甄等[12]基于双流体模型揭示了管道粗糙度及颗粒质量流量对管道内压降的影响。

王莹等[13]提出了一种改进的摩擦动力学模型预测压降并通过 CFD 进行模拟验证，该模型的预测结果比传统摩擦动力学模型的有了很大改进。

Sommerfeld 等[14]借助欧拉-拉格朗日模型分析了管道粗糙度、颗粒间碰撞、颗粒尺寸及固气比对管道压降的影响。

Patro[15]基于双流体模型预测了直径为 30 mm 管道内的压降，研究了颗粒直径、固气比、恢复系数等参数对压降的影响，发现：颗粒恢复系数对压降预测影响较大，需要合理选择颗粒恢复系数。

Ariyaratne 等[16]采用双流体模型研究了颗粒体积分数与风速对压降的影响，发现：模拟结果稍大于试验值；之后，他们又对湍流模型进行对比，发现：在高风速下 $k$ - $\omega$ 湍流模型预测压降的准确度高于标准 $k$ - $\varepsilon$ 模型的。

（2）计算流体动力学与离散元耦合模拟

计算流体动力学与离散元（Computational Fluid Dynamic and Digital Elevation Model，CFD-DEM）耦合模拟时，以颗粒为研究对象，研究不同条件下颗粒间复杂的碰撞运动，受越来越多的学者[17-20]的青睐。CFD-DEM 耦合方法由 Tsuji 首次提出并应用段塞气流输送研究中，之后这种方法被大量学者用于气固两相流的研究。

Li 等[21]通过 CFD 和 DEM 相结合的方法，分析了水平气力输送中摩擦力和恢复系数对颗粒运移的影响。

Ebrahimi 等[22]采用 CFD-DEM 研究了流体湍流强度与颗粒体积分数对压降的影响，指出：稀相气力输送时马格努斯力不可忽略。

Xu 等[23]基于 CFD-DEM 耦合方法的模拟结果，对比了数学模型预测值和试验数据，发现：模拟结果、模型预测值、试验值相符；在 70% ～ 90% 的颗粒浓度范围内摩擦系数起主导作用。

Zhou 等[24]对小尺寸水平狭缝气体输送细颗粒进行了 CFD-DEM 耦合研究，发现：细颗粒的运动特性与通过视频成像试验获得的试验结果吻合良好。

Wilson 等[25]模拟研究了表面粗糙度对栓塞流的影响，观察到段塞中的颗粒浓度在径向和轴向上分布不均匀。

Zbib 等[26]结合 CFD-DEM 与电阻层析成像研究了流体与颗粒间的相互作用，发现：模拟结果和试验结果之间误差为 4.74%。

Ariyaratne 等[27]采用多相粒子与 CFD-DEM 结合的方法对稀相气力输送压降进行了分析，发现：当固气比为 1～3 时，模拟压降与试验压降有良好一致性。

Kuang 等[28]对 CFD-DEM 在气力输送、管道磨损、颗粒磨损和静电方面等研究进行了系统的回顾，总结了耦合模拟中常用的理论模型（数学模型、湍流模型及曳力模型），发现：CFD-DEM 的精确性与所选计算模型有关；指出：在气力输送过程中颗粒大多数为不规则的，在以后的模拟研究中应考虑颗粒形状的影响。

杜俊等[29]使用 CFD-DEM 耦合方法研究了带有弯管的稀相气力输送流动特性，发现：弯管壁下方的冲击磨损较为严重，压力损失较大；气体速度对颗粒的分布影响较小；颗粒质量流量对颗粒分散影响较为显著。

赵和民等[30]将改进的壁面粗糙度模型引入到 CFD-DEM 方法中，研究了壁面粗糙度对颗粒分散度的影响，发现：随着质固体质量流量的增加，颗粒团聚逐渐明显，上下壁面附近颗粒浓度逐渐增加。

### 1.2.2　水平气力输送煤屑沉积速度研究现状

在负压取样过程中，取样风速降低，煤屑流态发生转变。负压取样煤屑流态随取样风速变化见图 1-2。

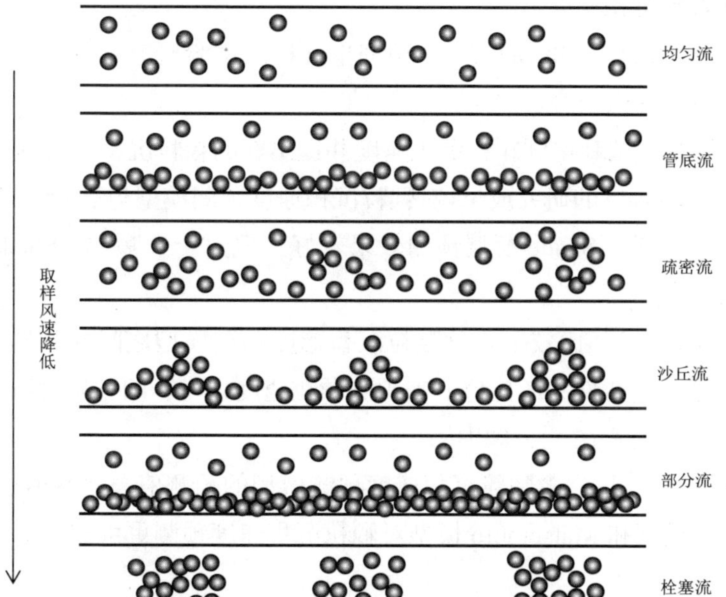


图 1-2　负压取样煤屑流态随取样风速变化

在取样过程中，取样风速对煤屑流态影响较大[31-32]。通常在煤屑都处于悬浮状态且能耗最小的风速时进行经济可靠取样，此时取样风速称为临界取样风速。气力输送过程中常借助颗粒沉积速度来确定临界风速。颗粒以完全悬浮状态输送，风速逐渐降低直到颗粒沉积到管道底部形成管底流，颗粒从悬浮状态开始降落的最小风速称为沉积速度。以临界风速法确定颗粒沉积速度。临界风速法是通过给定风速来观察颗粒的输送距离，基于颗粒的输送长度来确定颗粒的沉积速度。颗粒输送长度由三个长度组成：第一个长度为第一飞行长度，即颗粒进入钻杆后第一次与管道壁碰撞的水平距离；第二个长度为反弹长度，即颗粒沿着钻杆连续反弹的距离；第三个长度为滑动长度，即颗粒进行滑动输送（没有明显的滚动和弹跳）的距离。

颗粒沉积运动受周围颗粒、气流和管道的影响。有关颗粒沉积速度的研究更倾向理论分析与试验研究。

Rabinovich 等[33-34]通过试验将风速与颗粒输送长度建立了指数函数曲线，来确定颗粒沉积速度。

Lee 和 Hsu[35]使用高速摄像机研究了管道与颗粒大小对颗粒沉积速度的影响，建立了最早的单个颗粒沉积速度预测模型。

Matsumoto 等[36]通过试验发现：粒径对颗粒沉积速度影响显著，引入临界粒径来表征颗粒沉积速度。

Weber[37]、Rizk[38]和 Ochi[39]使用理论分析与试验研究相结合的方法对颗粒沉积速度进行了深入研究。

Shade[40]基于试验得到颗粒沉积速度并提出新的颗粒沉积速度预测模型。

Rose 基于 Shade 的研究成果，对颗粒沉积速度预测模型与试验结果进行比较，发现：对于小颗粒，Shade 模型预测效果较好，但对于大颗粒，Shade 模型预测结果差别较大。

Rabinovich 等[41]比较了各种颗粒沉积速度预测模型之间的差异性，基于阿基米德数（浮力及惯性力的比值）来预测颗粒速度，基于阿基米德数的模型预测值与试验结果的误差在 ±15% 以内。

Biobaku 等[42]将许多颗粒沉积速度预测模型的预测值与实测值进行了对比，发现：Weber 模型和 Matsumoto 模型对颗粒沉积速度预测更可靠。

### 1.2.3 钻孔倾角对煤屑气力输送影响研究现状

气力输送指以气体作为输送介质，利用气流的能量在密闭管道内沿气流方向输送颗粒状物料的一种输送方式。依据压强大小，气力输送分为正压输送、负压输送和正-负压混合输送；依据物料流态，气力输送分为悬浮流、管底流、疏密流、集团流、部分流及栓塞流；根据发送压差的大小，气力输送分为高压输送及低压输送；根据输送时固气比大小，气力输送分为稀相输送（固气比小于25）与密相输送（固气比大于25）。随着科技发展，气固两相流在工业中应用越来越广泛，普遍存在流化床、石油矿井、机械、气力运输等领域。负压排渣定点取样的实质就是气力输送中稀相气固两相流理论的应用。煤屑颗粒常悬浮于管道内的气流中，属于悬浮流。悬浮流受多种因素的影响，其涉及物料颗粒形状、密度、颗粒尺寸、含水率、管道粗糙程度等。固体颗粒的特性影响输送过程的流态和压损，决定能否采用气力输送以及采用何种气力输送方式。物料种类的不同对气力输送影响也不尽相同，体现在物料所具有的物理力学性质上。学者们[43-47]针对上述方面，借助试验分析和数值模拟两种手段开展了丰富深入的研究。

#### 1.2.3.1 钻孔倾斜下各因素煤屑气力输送特性影响

由于管道倾斜状态发生变化，所以颗粒所受摩擦阻力和压力特性改变。颗粒在管道内部运动情况更为复杂。管道是物料输送的主要场所。管道倾角、管道内壁粗糙度、弯管结构均会直接影响气力输送过程。管道内壁粗糙度主要影响着颗粒与管壁之间的碰撞系数。当颗粒比较小时，需要考虑管壁粗糙度影响，而且管道倾角影响着颗粒与管壁的摩擦系数。

Shabbir 等将管道倾角设置为 0° 到 90°，指出：随着输送管道倾角减小，颗粒质量流量逐渐变小；滑动摩擦影响最为明显，这是由于当倾角角度在 45° 以下时，大量粒子相互滑过，产生更多的摩擦和能量耗散；在倾角大于 45° 并不断增大的情况下，颗粒质量流量达到稳态的时间逐渐延迟且在稳态条件下的持续时间较短。

Lin 等[7]指出：在风速一定时，阻力随颗粒堆积深度呈非线性增加。

杜俊等[29]指出：颗粒在弯管内形成颗粒绳以及在垂直管道内分散过程中，颗粒及壁面在弯管下半部分受到的撞击和磨损更严重；气流速度对颗粒分散影响甚微，但对弯管内颗粒碰撞强度有明显影响；随着颗粒质量流量增加，形成的颗粒束更加紧凑、分散速度更慢。

沈骝[5]指出：随着表观气速增大，载气与管壁及输送的物料颗粒之间的摩擦增大，管道内的颗粒固气比减小。

Cui 等[10]指出：当气速较小时，颗粒由于动能不足易形成栓塞；随着风速增大，颗粒动能先增大然后趋于稳定。

#### 1.2.3.2 钻孔倾斜下煤屑气力输送压降特性影响

随着管道倾角变化，颗粒与壁面的摩擦损失和风速影响颗粒动能的变化较为复杂。管道内颗粒动能的变化影响着压损的变化。

Klinzing 等[45]和 Hong 等[46]指出：管道倾斜影响的总压降主要为固相摩擦压损和重力压损；当倾角变化时重力压损的变化对倾斜管总压降变化的影响要大于固相摩擦压损的。

Mang 等指出：在上升的倾斜管道中，输送气体除了要克服水平输送过程的阻力、固体颗粒重力及固体颗粒和气体相互间的阻力外，还要克服固体颗粒在输送管道中向下滚动或滑动的力，所以倾斜管压损小于水平管压损；并且倾斜管压损随着倾角增大而增大。

赵凯伟等[48]指出：物料在弯管与直管中引发的压降特征是不同的；在直管角度由 30º 升到 60º 时，直管压降随之升高但存在最小压降的临界倾角。

沈骝[5]指出：重力引起的压损随正向管道倾角增大而增大；在正向一定倾角下，管道压降随风速增加先减小后增加。

孙晓峰等[49]指出：当采用 $N_2$ 和 $CO_2$ 载气时，水平弯管压降增大，垂直弯管压降小幅降低。

郝志勇等[50]认为：在相同颗粒质量流量下，平均粒径大的煤粉在弯管中的压降要高于平均粒径小的煤粉的；在密相气力输送中，压降随气速降低而增加。

### 1.2.4 钻杆转动对钻屑气力输送影响研究现状

钻头以切削方式来破碎煤层。在钻进施工中，主要以普通三翼 PDC 钻头为主。高效输送钻屑是钻探施工的关键问题。高效输送煤屑受气体特性、钻屑特性（煤屑尺寸和浓度）、钻杆转速等因素的影响。

Baghernejad 等[51]使用高速摄像机分析了转速对两相流流态的影响，发现：随着转速增加，分层波浪区域扩大，压降增加。

Cloos 等[52]通过激光多普勒测速仪研究发现：转速增加流体的湍流强度，这使得流体的雷诺数和切向速度增加。

Han 等 [53] 研究了颗粒尺寸、颗粒浓度和钻杆转动对摩擦系数、固气比、压降的影响，发现：钻杆转速与上述三者关系密切。

Heshamudin[54] 探究了钻杆转速与倾角的影响效果，发现：转速对钻屑运输效果影响显著，最佳的转速为 60 r/min。

Malagalage 等 [55] 进行了干式煤屑水平气力输送试验，其结果表明：在同一转速下压降随风速的增加而增加，最小压降速度分布在 15～18 m/s 范围内。

Epelle 等 [56] 通过 CFD 模拟研究颗粒球形度对运输效率的影响，发现：球形度对粒径较大的岩屑输送速度影响较大。

Ghasemikafrudi 等 [57] 对垂直钻井中的钻屑进行了数值研究，探究了流体速度和钻杆转速对压降的影响，发现：随着泥浆密度、黏度和钻杆转速增加，环空中的切削运输能力增强。

Heydari 等 [58] 利用 CFD 研究了钻杆偏心率从同心到 75% 的偏心情况对水平钻井作业中的影响，其研究结果表明：钻杆旋转增加了岩屑颗粒的剪切力；随着流体流速增加，在偏心率较高的情况下，钻屑积累会突然增加。

Akhshik 等 [59] 首先采用 CFD-DEM 模拟了钻杆旋转对钻屑运移的影响，其结果表明：在高流速下，岩屑浓度随钻杆速度变化不明显；在低流速下，当钻杆转速从 0 增加到 80 r/min 时，岩屑浓度没有受到显著影响，但是当钻杆转速从 100 r/min 增加到 120 r/min 时，岩屑浓度会有显著的提高。

庞博学等 [60-62] 基于颗粒流动力学理论与滑动网格，对钻杆旋转过程进行模拟，并将数值模拟结果与试验数据进行比较，发现：随着流体速度增加，钻屑高度降低摇摆现象减弱；钻屑运输效率随着钻杆转速的增加而增加，在达到临界钻杆转速后，钻杆旋转就对钻屑运输效率没有额外的贡献。

王馨雪 [63] 基于 CFD-DEM 对岩屑运移规律进行了研究，其研究结果表明：钻杆转速增加，钻井流体悬浮能力增强，岩屑运移效果明显提升。

### 1.2.5 气力输送数值模拟研究方法研究现状

气力输送的研究通常采用理论分析与试验研究的方法。气力输送过程受输送管径、长度，物料特性、含水率，输送风速，输送压力等诸多因素的影响 [64-70]。试验研究具有周期长、费用高等缺点，极大地限制了试验研究的开展。数值模拟研究是理论分析研究的有效手段，具有结果准确、周期短、费用低且对试验条件要求少等优点 [71-74]。目前仅用试验研究方法已经无法深入了解气固两相流内部流动的复杂性。随着计算机技术的飞速发展，以计算机为基础的计算流体动力学理论在工程应用得到了国内外诸多学者[75-79]的关注，数值仿真模拟已成为研究气力输送过程的重要方法。

欧拉-拉格朗日模型和欧拉-欧拉模型是研究气固两相流动的两种理论模型。欧拉-拉格朗日模型将流体视为连续相、将颗粒作为离散相介质，忽略颗粒之间的相互作用，常用于研究固相体积分数小于 10% 的稀相气力输送。欧拉-欧拉模型（即双流体模型）将气固相视为共存的连续相并认为气固两相相互影响，能够完整地考虑颗粒相的湍流运输过程，并通过颗粒间压力和黏度考察颗粒间的相互作用，较多用于研究密相气力输送。

采用欧拉-欧拉模型，对低压送气力输送过程复杂管路进行模拟研究，能够获得不同输送风速与质量流率时的管道截面颗粒浓度[64]。

Cui 等[10]运用颗粒流动理论，采用双流体模型对气力输送管道内的流动特性进行研究，其研究结果表明：颗粒流动理论的双流体模型对管道内气力输送特性的考查是有效的。

Yang 等[80]基于颗粒流的动力学理论建立了一个双流体模型，分析了煤粉在 4 MPa 压力下 10 mm 内径水平管道内的流动情况。

Makwana 等[81]借助 CFD 方法查明了沙丘流的形成对气力输送过程的压降的影响。

裴宇[82]建立了高压密相煤粉气力输送一体化管道（垂直管、弯管和水平管连在一起）的多相流新模型，采用数值模拟方法分析了补充风体积流量对弯管内固相速度、体积分数、湍流动能分布以及垂直弯管压降的影响。

欧拉-拉格朗日模型计算能够提供更加丰富的颗粒信息。因此在某些工况下采用欧拉-拉格朗日模型计算更为有效。作为应用较为普遍的数值模拟软件，FLUENT 提供了 DPM（Discrete Particle Model，DPM）模型。DPM 模型得到了广泛的应用[83]。

Sommerfeld 等[84]使用欧拉-拉格朗日模型研究了自制气力输送系统中的压降和流动参数，重点分析了弯头在气力输送中的影响，指出：可以应用欧拉-拉格朗日模型设计和计算气力输送系统的相关参数。

Sommerfeld[85]使用 DPM 模型研究了输送管道壁面粗糙度、固相质量流率等对输送流动过程的影响。

Naeimi 等使用 DPM 模型数值模拟揭示了管道材料类型及物料质量流率对输

送过程压降的影响。

Njobuenwu 等采用基于大涡模拟的 LES-DPM 模型研究了单个非球形颗粒在湍流流动中的运动。

董盛等[86]采用 DEM 模型模拟研究了基于颗粒间黏结作用下螺旋加料器的设计。

物料在输送过程中会出现颗粒破碎现象，可以采用 DEM 方法对其进行观察。但是采用 CFD-DEM 原理进行模拟颗粒破碎过程时，由于颗粒数目众多，计算时长较长[87]。

Cundall 等提出的离散元法受到学者们的重视并逐步发展开来。越来越多的科研工作者倾向于利用计算流体力学及离散元（CFD-DEM）耦合的原理、运用 Fluent-EDEM 数值模拟方法进行研究[88]。该种方法以单个颗粒为研究对象，以期更加贴近气固两相流的真实运动规律。

Tsuji[17]首次提出并采用离散单元法（DEM）与计算流体动力学（CFD）相结合的方法研究了气固流动过程。随后 CFD-DEM 耦合原理被学者们大量使用[89]。

黄卓[90]运用 CFD-DEM 与动态网格耦合的新理论研究了颗粒流中流体相互作用。

Kuang 等[91]结合计算流体力学和离散元法通过设定周期性的边界条件对水平气力输送系统进行了数值模拟，分析比较了流体启动和发展部分的不同特性。

韩静[92]基于 CFD-DEM 耦合原理考察了摩擦系数与回弹系数对气力输送过程的影响，其研究结果表明：摩擦系数增大，颗粒流速降低，颗粒的浓度及压降增加，但是当回弹系数减少时，摩擦系数影响却较小。

段成栋[93]研究了一种加速计算的耦合模拟方式，大大提高了对颗粒破碎过程的模拟效果。

汤子瑜[94]采用 Fluent-EDEM 的手段研究了旋风除尘器气固流动特性。

Ebrahimi 等[95]运用 Fluent-EDEM 耦合模拟方法发现：稀相气力输送时马格努斯力不可忽略。

杜俊等[29]利用 Fluent-EDEM 耦合模拟方法对带有弯管的稀相气力输送系统流动特性进行数值模拟研究，发现：弯管管壁下部冲击和磨损更为严重；气流速度对颗粒分散影响很小，但颗粒质量流量大小影响颗粒分散速度。

Akhshik 等[96]利用 CFD-DEM 模拟分析了倾斜环空加气泥浆钻井过程中的岩屑输送，并将模拟结果与试验数据进行了比较，发现：钻屑输送效率除了受液体流速的影响外，还受气液比、环境温度和喷射压力的影响。

Yu 等[97]借助耦合模拟软件模拟研究了综采工作面强排风下粉尘扩散污染机理，发现：模拟值与现场测量值之间的平均差值约为 11.79%，模拟结果的准确性较好。

Xu 等[98]基于 CFD–DEM 耦合原理把从相应试验中提取的数据用于验证数学模型，发现：模拟结果基本上与试验结果相符；在 70%～90% 的颗粒浓度范围内摩擦系数对弯管肘部侵蚀起主导作用；随着颗粒流速的增加，外拱的内壁上的磨损率明显增加。

Zhou[99]对小尺寸水平狭缝气体输送细颗粒进行了 CFD-DEM 耦合研究，发现：细颗粒的运动特性的模拟结果与通过视频成像试验获得的试验结果吻合良好。

综上所述，CFD-DEM 耦合原理在管道气力输送研究上应用广泛。使用 Fluent-EDEM 耦合模拟研究管道内气力输送过程能更为方便真实观察实际煤屑-气两相流的运动特性[100-105]。钻孔倾角因素在实际工程中最为常见且对煤屑颗粒受力及煤屑-气两相流能量变化均有影响。因此基于 CFD-DEM 耦合原理，采用 Fluent-EDEM 耦合模拟研究钻孔倾角条件下负压取样过程中煤屑-气流动特性具有重要意义。

# 第 2 章
# 钻孔负压取样过程煤屑输送理论研究

在负压取样过程中，煤屑在转动的钻杆内运移过程较为复杂。煤屑在钻杆内输送时，煤屑受气体的作用力开始运动，同时煤屑会阻碍气体的流动。煤屑与气体间的作用力是煤屑运动的根本原因。分析煤屑受力是得到煤屑与气体相互作用机理的关键。负压取样时，煤屑在钻杆内运动受到的力可分为两类。第一类为与气体相对运动无关的力，包括煤屑自身重力、惯性力、压差力；第二类为气体与煤屑相对运动产生的力，如曳力、巴斯特力、升力（马格努斯力和萨夫曼力）等。

## 2.1　负压取样过程钻杆煤屑受力分析

煤屑颗粒受气流带动在钻孔内部运动。在运动过程中，颗粒与颗粒之间、颗粒与壁面之间发生碰撞。由于碰撞及钻孔倾角影响，颗粒自身重力、所受升力、曳力、惯性和压差等条件均产生改变。分析好颗粒在运动过程中的受力情况有利于对颗粒的运动机理进行更深层次研究。

### 2.1.1　煤屑单颗粒受力分析

由于钻杆内部处于负压状态，煤屑密度较大，故只考虑煤屑所受重力、曳力、升力（马格努斯力和萨夫曼力）和压差力。由于钻孔倾斜，所以需要对相关理论公式进行修正。煤屑单颗粒在倾斜管道内受力简图如图 2-1 所示。

$$\mu_{\mathrm{r}}=\sqrt{{\mu_{\mathrm{a}}}^{2}+{\mu_{\mathrm{c}}}^{2}-2\mu_{\mathrm{a}}\mu_{\mathrm{c}}\cos\alpha} \tag{2-1}$$

$$\theta=\arccos\frac{\mu_{\mathrm{a}}-\mu_{\mathrm{c}}\cos\alpha}{\sqrt{{\mu_{\mathrm{a}}}^{2}+\mu_{\mathrm{c}}^{2}-2\mu_{\mathrm{a}}\mu_{\mathrm{c}}\cos\alpha}} \tag{2-2}$$

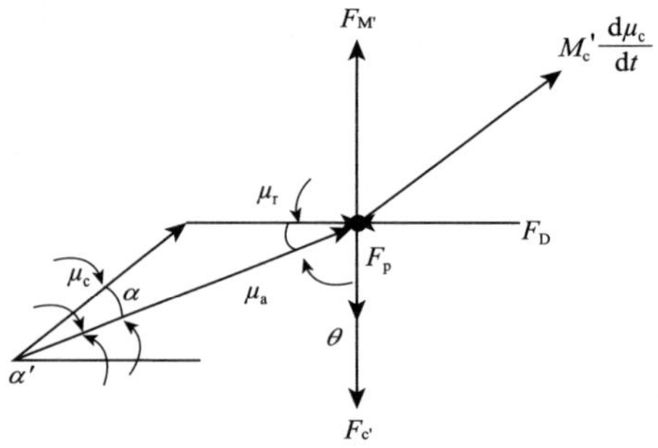


图 2-1　煤屑单颗粒在倾斜管道内受力

式中　$a$——煤炭颗粒速度，m/s；

$\theta$——煤炭颗粒所受曳力与气流速度方向的夹角，(°)；

$a'$——管道线和水平线的夹角，(°)；

$\mu_a$——流场气流速度的标量，m/s；

$\mu_c$——煤炭颗粒速度的标量，m/s；

$\mu_r$——由余弦定理得到的煤炭颗粒与气流相对速度的标量，m/s。

（1）重力

在水平情况下煤屑自身重力 $F_c$ 为：

$$F_c = \frac{1}{6}\pi d^3 \rho_c g \tag{2-3}$$

在倾斜状态下修正的煤屑自身重力 $F_c'$ 为：

$$F_c' = M_c' \frac{d\mu_c}{\mu_t} \sin(\alpha + \alpha') + F_D \sin(\theta - \alpha') \tag{2-4}$$

（2）曳力

在水平情况下煤屑受到的曳力 $F_D$ 为：

$$F_D = C_D A_s \frac{\rho\mu^2}{2} \tag{2-5}$$

式中　$A_s$——煤屑的特征面，m$^2$，为垂直于运动方向的煤屑投影面积，即

$$A_s = \frac{\pi d_s^2}{4}$$

$\rho$——空气密度，1.225 kg/m$^3$；

$\mu$——煤屑与气体间的相对速度，m/s；

$C_D$——阻力系数。

阻力由黏性阻力、压差阻力组成。两者所占比例按照附面层及分离程度，可

划分为三个区域：绕流区、过渡区、大涡流区。阻力系数也可划分为上述三个区域，一般按照雷诺数来划分。

当 $Re<1$ 时，在绕流区（斯托斯克区），煤屑体积小，速度低，附面层未分离，有利于气体流过。该区主要存在黏性阻力。$C_D=\dfrac{24}{Re}$。

$$F_D=\frac{3\pi\rho d_s^2\rho\mu^2}{Re} \tag{2-6}$$

当 $2<Re<500$ 时，在过渡区（艾伦区），煤屑体积较大，速度加快，开始出现附面层分离现象。$C_D=\dfrac{10}{\sqrt{Re}}$。

$$F_D=\frac{1.25\pi\rho d_s^2\mu^2}{\sqrt{Re}} \tag{2-7}$$

当 $500<Re<2\times10^5$ 时，大涡流区（牛顿区），煤屑体积比较大，速度比较快，煤屑较早发生附面层分离现象，煤屑后全部形成漩涡区。该区主要存在压差阻力。$C_D\approx0.44$。

$$F_D=0.055\pi\rho d_s{}^2\mu^2 \tag{2-8}$$

在倾斜管内，由于倾角影响，所以曳力修正为：

$$F'_D=F_D\frac{\cos(\theta-\alpha')}{\cos(\theta+\alpha')} \tag{2-9}$$

（3）升力

升力包括马格努斯力（旋转升力）和萨夫曼力（剪切升力）。作用在煤屑上的马格努斯力为：

$$F_M=C_{Lm}\frac{\pi\rho_f(\mu_f-\mu_p)^2}{8} \tag{2-10}$$

旋转升力系数为：

$$C_{Lm}=0.45+\left(\frac{Re_s}{Re}-0.454\right)e^{-0.5684Re_s^{0.4}Re^{0.3}} \tag{2-11}$$

作用在煤屑上的萨夫曼力（剪切升力）为：

$$F_S=C_{Ls}\frac{\pi\rho_f d_p^3(\mu_f-\mu_p\times\omega_f)}{8} \tag{2-12}$$

式中 $\omega_f$——流体速度的旋度；

$C_{Ls}$——剪切升力系数。

剪切升力系数为：

$$C_{\mathrm{Ls}}=\frac{4.1126}{\sqrt{Re}}f\left(Re\right) \tag{2-13}$$

$$f\left(Re\right)=\begin{cases}\left(1-0.3314\beta^{0.5}\right)\mathrm{e}^{\frac{Re}{10}},Re\leqslant 40\\ 0.524\left(\beta Re\right)^{0.5},Re\geqslant 40\end{cases} \tag{2-14}$$

式中 $\beta$——系数，$0.005<\beta<0.4$。

（4）压力梯度力

压力梯度力 $F_{\mathrm{p}}$ 为：

$$F_{\mathrm{p}}=-\frac{4}{3}\pi d_{\mathrm{p}}^{2}\frac{\partial p}{\partial x} \tag{2-15}$$

式中 $\frac{\partial p}{\partial x}$——单位压差。

由牛顿第二定律可得，在倾斜状态下煤屑单颗粒运动控制方程为：

$$m_{\mathrm{c}}\frac{d\mu_{\mathrm{c}}}{\mu_{\mathrm{t}}}=F_{\mathrm{c}}'+F_{\mathrm{D}}'+F_{\mathrm{M}}+F_{\mathrm{p}} \tag{2-16}$$

式中 $m_{\mathrm{c}}$——煤屑的质量，kg；

$F_{\mathrm{c}}'$—修正后煤屑所受重力，N；

$F_{\mathrm{D}}$'—修正后煤屑受到的总曳力，N；

$F_{\mathrm{M}}$—煤屑旋转产生的升力，N；

$F_{\mathrm{p}}$—压力梯度力，N。

### 2.3.2 颗粒运动碰撞过程受力分析

在取样过程中，煤屑颗粒除了单颗粒受力外，煤屑颗粒与煤屑颗粒、煤屑颗粒与钻杆壁面发生碰撞能量增加或是摩擦影响产生能量损失。取样过程中颗粒运动碰撞示意图如图 2-2 所示。

煤屑 p 与煤屑 q 在气流中分别以速度 $V_{\mathrm{p}}^{0}$ 和 $V_{\mathrm{q}}^{0}$ 进行运动，发生碰撞后其速度分别变为 $V_{\mathrm{p}}^{1}$ 和 $V_{\mathrm{q}}^{1}$。碰撞煤屑 p 与煤屑 q 受到的冲量为 $I_{\mathrm{p}}$ 和 $I_{\mathrm{q}}$，则由动量定理得：

$$m_{\mathrm{p}}\left(V_{\mathrm{p}}^{1}-V_{\mathrm{p}}^{0}\right)=I_{\mathrm{p}}；\quad m_{\mathrm{q}}\left(V_{\mathrm{q}}^{1}-V_{\mathrm{q}}^{0}\right)=I_{\mathrm{q}} \tag{2-17}$$

式中 $V_{\mathrm{p}}^{0}$——煤屑 p 在气流中的初始速度，m/s；

$V_{\mathrm{q}}^{0}$——煤屑 q 在气流中的初始速度，m/s；

$V_{\mathrm{p}}^{1}$——煤屑 p 在碰撞后速度，m/s；

$V_{\mathrm{q}}^{1}$——煤屑 q 在碰撞后速度，m/s；

$I_p$——煤屑 p 受到的冲量，N·s；

$I_q$——煤屑 q 受到的冲量，N·s；

$m_p$——煤屑 p 的质量，kg；

$m_q$——煤屑 q 的质量，kg。

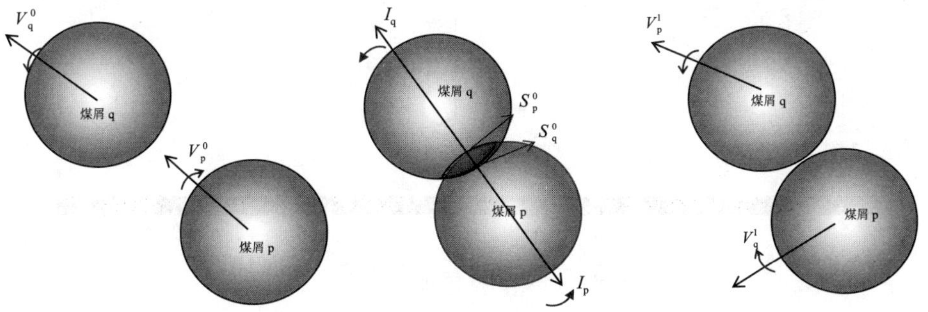


（a）碰撞前　（b）碰撞中　（c）碰撞后

图 2-2　颗粒运动碰撞示意图

根据动量守恒定律有 $I_p = -I_q$，可得：

$$m_p V_p^0 + m_q V_q^0 = m_p V_p^1 + m_q V_q^1 \tag{2-18}$$

煤屑碰撞时忽略摩擦损失，煤屑速度变化只发生在冲量方向上，则有：

$$m_p S_p^0 + m_q S_q^0 = m_p S_p^1 + m_q S_q^1 \tag{2-19}$$

式中　$S_p^0$，$S_q^0$——煤屑 p 与煤屑 q 碰撞前速度在冲量方向上的投影，m/s；

$S_p^1$，$S_q^1$——煤屑 p 与煤屑 q 碰撞后速度在冲量方向上的投影，m/s。

冲量方向的碰撞恢复系数为：

$$e_n = \frac{S_p^1 - S_q^1}{S_p^0 - S_q^1} \tag{2-20}$$

结合式（2-19）和式（2-20）可得：

$$V_p^1 = V_p^0 - \frac{m_q}{m_q + m_p}(1+e_n)\left(S_p^0 - S_q^0\right)；\quad V_q^1 = V_q^0 - \frac{m_p}{m_q + m_p}(1+e_n)\left(S_p^0 - S_q^0\right) \tag{2-21}$$

在煤屑碰撞过程中，碰撞恢复系数可通过试验测得，煤屑碰撞后冲量方向的速度可以经计算求得，据此能够确定两个自由煤屑碰撞后的速度。

煤屑与钻杆壁面碰撞示意图如图 2-3 所示。

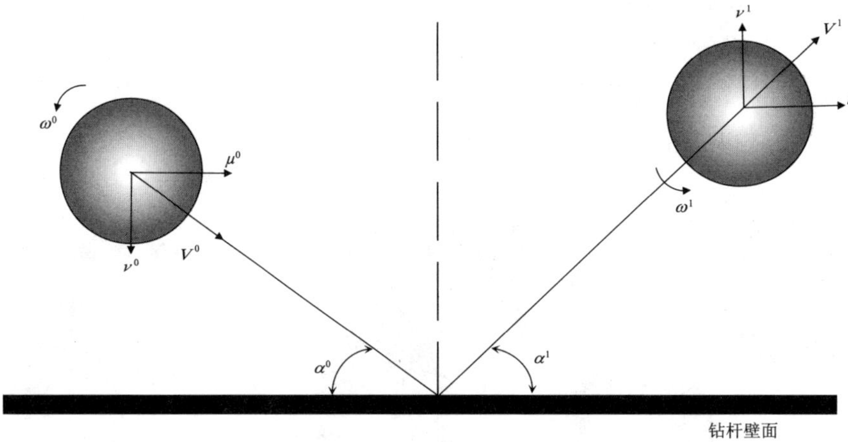


图 2-3　煤屑颗粒与壁面碰撞示意图

在图 2-3 中，$\mu^0$、$\omega^0$、$\upsilon^0$ 和 $\alpha^0$ 为颗粒碰撞钻杆壁面之前的切向速度分量、角速度标量、法向速度分量和冲击角度，$V^0$ 为球形颗粒碰撞前速度；$\mu^1$、$\omega^1$、$\upsilon^1$ 和 $\alpha^1$ 为颗粒碰撞钻杆壁面后的切向速度分量、角速度标量、法向速度分量和冲击角度，$V^1$ 为球形颗粒碰撞后速度。在实际冲撞中，颗粒速度会因为摩擦阻尼产生能量损失，为了量化这一损失引入碰撞恢复系数。碰撞恢复系数为：

$$e_{\mathrm{n}} = -\frac{v^1}{v^0}；\quad e_{\mathrm{t}} = \frac{\mu^1}{\mu^0}；\quad e_{\mathrm{a}} = \frac{\varpi^1}{\varpi^0} \tag{2-22}$$

式中　$e_{\mathrm{n}}$——切向碰撞恢复系数；

$e_{\mathrm{t}}$——法向碰撞恢复系数；

$e_{\mathrm{a}}$——角速度的碰撞恢复系数。

煤屑切向和法向速度可用煤屑速度和冲击角度来确定：

$$v^0 = V^0 \sin\alpha^0；\quad \mu^0 = V^0 \cos\alpha^0 \tag{2-23}$$

煤屑-钻杆壁面碰撞可分滑动碰撞和无滑动碰撞。当无滑动碰撞时，煤屑各速度分量为：

$$v^1 = -e_{\mathrm{n}} v^0；\quad \mu^1 = \frac{1}{7}\left(5\mu^0 + \omega^0 r_{\mathrm{p}}\right)；\quad \omega^1 = \frac{\mu^1}{r_{\mathrm{p}}} \tag{2-24}$$

当滑动碰撞时，煤屑各速度分量为：

$$v^1 = -e_{\mathrm{n}} v^0；\quad \mu^1 = \mu^0 - f_{\mathrm{p}}\left(1 + e_{\mathrm{n}}\right) v^0 \varepsilon_0；\quad \omega^1 = \frac{\mu^1}{r_{\mathrm{p}}} \tag{2-25}$$

式中　$f_{\mathrm{p}}$——煤屑与钻杆壁面的滑动摩擦系数；

$\varepsilon_0$——煤屑与钻杆壁面相对速度方向的判断参数。

该判断参数与$\left(\mu^0-\omega^0 r_{\mathrm{p}}\right)$的值有关。当$\left(\mu^0-\omega^0 r_{\mathrm{p}}\right)>0$时，$\varepsilon_0=1$；当$\left(\mu^0-\omega^0 r_{\mathrm{p}}\right)=0$时，$\varepsilon_0=0$；当$\left(\mu^0-\omega^0 r_{\mathrm{p}}\right)<0$时，$\varepsilon_0=-1$。

在负压取样过程中，由于颗粒射入钻杆内部的速度大小和方向大致一致，所以颗粒与颗粒碰撞的损失较小；在颗粒与钻杆壁面接触碰撞时，颗粒的运动方向和动能损失有较大变化。

## 2.2　钻孔负压取样钻杆转动时煤屑受力分析

### 2.2.1　钻孔负压取样钻杆转动时煤屑受力

在负压取样系统中，由于煤屑的密度较大，在研究煤屑受力时只考虑煤屑自身重力、曳力、升力及压差力，其他作用力相对较小可忽略不计。由牛顿第二定律可得：

$$M_{\mathrm{c}}\frac{\mathrm{d}\mu_{\mathrm{c}}}{\mu_t}=F_{\mathrm{c}}+F_{\mathrm{D}}+F_{\mathrm{M}}+F_{\mathrm{P}} \tag{2-26}$$

式中　$M_{\mathrm{c}}$——煤屑的质量，kg；

$F_{\mathrm{c}}$——煤屑自身重力，N；

$F_{\mathrm{D}}$——煤屑受到的总曳力，N；

$F_{\mathrm{M}}$——煤屑旋转产生的升力，N；

$F_{\mathrm{p}}$——压力梯度力，N。

（1）重力

煤屑自身重力$F_{\mathrm{c}}$计算公式为：

$$F_{\mathrm{c}}=\frac{1}{6}\pi d^3\rho g \tag{2-27}$$

（2）曳力

煤屑受到的曳力$F_{\mathrm{D}}$的计算公式为：

$$F_{\mathrm{D}}=C_{\mathrm{D}}A_{\mathrm{s}}\frac{\rho\mu^2}{2} \tag{2-28}$$

式中　$A_{\mathrm{s}}$——煤屑的特征面积，计算公式为：

$$A_s = \frac{\pi d_s^2}{4}$$

$\rho$——空气密度，取 1.225 kg/m³；

$\mu$——煤屑与气体间的相对速度，m/s；

$C_D$——阻力系数。

阻力由黏性阻力、压差阻力组成。按照附面层及分离程度，阻力可划分为三个区域：绕流区、过渡区、大涡流区。阻力系数也可划分为上述三个区域。一般按照雷诺数来划分阻力系数。

① 当$Re<1$时，在绕流区（斯托克斯区），煤屑体积小，速度低，附面层未分离，有利于气体流过。该区主要表现为黏性阻力。$F_D$计算公式为：

$$C_D = \frac{24}{Re}；\quad F_D = \frac{24}{Re}\frac{\pi d_s^2}{4}\frac{\rho\mu^2}{2} = \frac{3\pi\rho d_s^2\rho\mu^2}{Re} \tag{2-29}$$

② 当$2<Re<500$时，在过渡区（艾伦区），煤屑体积较大，速度加快，开始出现附面层分离现象。$F_D$计算公式为：

$$C_D = \frac{10}{\sqrt{Re}}；\quad F_D = \frac{10}{\sqrt{Re}}\frac{\pi d_s^2}{4}\frac{\rho\mu^2}{2} = \frac{1.25\pi\rho d_s^2\mu^2}{\sqrt{Re}} \tag{2-30}$$

③ 当$500<Re_\rho<2\times10^5$时，为大涡流区（牛顿区）。煤屑体积比较大，速度比较快，较早发生附面层分离现象，后部形成漩涡区。该区主要表现为压差阻力。$F_D$计算公式为：

$$C_D \approx 0.44；\quad F_D = 0.44\frac{\pi d_s^2}{4}\frac{\rho\mu^2}{2} = 0.055\pi\rho d_s^2\mu^2 \tag{2-31}$$

（3）升力

煤屑受到的升力$F_M$包括马格努斯力（旋转升力）和萨夫曼力（剪切升力）。作用在煤屑上的马格努斯力的计算公式为：

$$F_M = C_{Lm}\frac{\pi\rho_f}{8}(\mu_f-\mu_p)^2 \tag{2-32}$$

旋转升力系数$C_{Lm}$为：

$$C_{Lm} = 0.45 + \left(\frac{Re_s}{Re_p} - 0.454\right)e^{-0.5684Re_s^{0.4}Re_p^{0.3}} \tag{2-33}$$

作用在煤屑上的萨夫曼力（剪切升力）为：

$$F_S = C_{Ls}\frac{\pi\rho_f}{8}d_p^3(\mu_f-\mu_p\times\omega_f) \tag{2-34}$$

式中　$\omega_f$——流体速度的旋度；

$C_{Ls}$——剪切升力系数。

剪切升力系数为：

$$C_{Ls}=\frac{4.1126}{\sqrt{Re}}f(Re) \tag{2-35}$$

$$f(Re)=\begin{cases}\left(1-0.3314\beta^{0.5}\right)e^{-\frac{Re}{10}}, Re\leqslant 40\\ 0.524\,(\beta Re)^{0.5}, Re\geqslant 40\end{cases} \tag{2-36}$$

式中 $\beta$——系数，$0.005<\beta<0.4$。

（5）压力梯度力

压力梯度力为：

$$F_p=-\frac{4}{3}\pi d_p^2\frac{\partial p}{\partial x} \tag{2-37}$$

式中 $\frac{\partial p}{\partial x}$——单位压差。

## 2.2.2 不同碰撞状态时煤屑受力

在负压取样过程中，煤屑-煤屑、煤屑-钻杆壁面会发生碰撞，这是煤屑破碎、壁面磨损及能量消耗的重要原因。煤屑-煤屑、煤屑-钻杆壁面的碰撞在瞬间完成，最直观的影响为煤屑速度的变化，其微观变化为煤屑变形及接触力特征。

（1）煤屑-煤屑碰撞

在负压取样过程中，煤屑-煤屑碰撞的过程如图 2-4 所示。

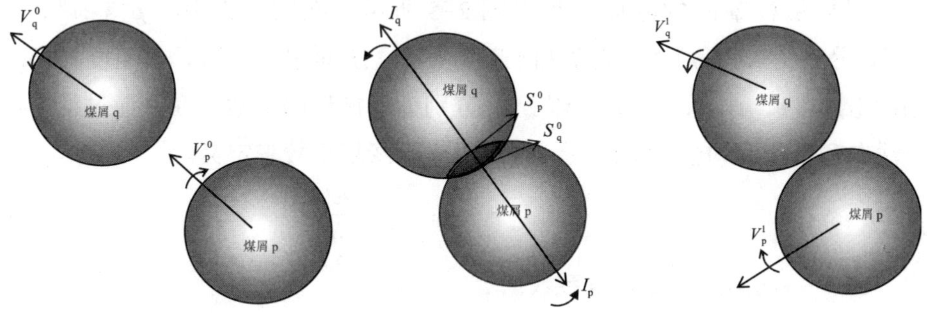


（a）碰撞前　　（b）碰撞中　　（c）碰撞后

图 2-4 煤屑-煤屑碰撞示意图

煤屑 p 与煤屑 q 在气流中分别以速度 $V_p^0$ 和 $V_q^0$ 进行运动，发生碰撞后速度分别变为 $V_p^1$ 和 $V_q^1$，碰撞煤屑 p 与煤屑 q 受到的冲量为 $I_p$ 和 $I_q$。由动量定理得：

$$M_{\rm p}\left(V_{\rm p}^1-V_{\rm p}^0\right)=I_{\rm p}\text{；}\quad m_{\rm q}\left(V_{\rm q}^1-V_{\rm q}^0\right)=I_{\rm q} \tag{2-38}$$

式中　$m_{\rm p}$——煤屑 p 的质量，kg；

$m_{\rm q}$——煤屑 q 的质量，kg。

根据动量守恒定律有 $I_{\rm p}=-I_{\rm q}$，可得：

$$m_{\rm p}V_{\rm p}^0+m_{\rm q}V_{\rm q}^0=m_{\rm p}V_{\rm p}^1+m_{\rm q}V_{\rm q}^1 \tag{2-39}$$

在煤屑碰撞时忽略摩擦损失，煤屑速度变化只发生在冲量方向上，式（2-39）转化为：

$$m_{\rm p}S_{\rm p}^0+m_{\rm q}S_{\rm q}^0=m_{\rm p}S_{\rm p}^1+m_{\rm q}S_{\rm q}^1 \tag{2-40}$$

式中　$S_{\rm p}^0$，$S_{\rm q}^0$——煤屑 p 与煤屑 q 碰撞前速度在冲量方向上的投影；

$S_{\rm p}^1$，$S_{\rm q}^1$——煤屑 p 与煤屑 q 碰撞后速度在冲量方向上的投影。

冲量方向碰撞恢复系数为：

$$e_{\rm n}=\frac{S_{\rm p}^1-S_{\rm q}^1}{S_{\rm p}^0-S_{\rm q}^0} \tag{2-41}$$

结合式（2-40）和式（2-41）可得：

$$V_{\rm p}^1=V_{\rm p}^0-\frac{m_{\rm q}}{m_{\rm q}+m_{\rm p}}\left(1+e_{\rm n}\right)\left(S_{\rm p}^0-S_{\rm q}^0\right)\text{；}\quad V_{\rm q}^1=V_{\rm q}^0-\frac{m_{\rm p}}{m_{\rm q}+m_{\rm p}}\left(1+e_{\rm n}\right)\left(S_{\rm p}^0-S_{\rm q}^0\right) \tag{2-42}$$

在煤屑碰撞过程中，碰撞恢复系数可通过试验测得，煤屑碰撞后冲量方向的速度可以求得，由此可确定两个自由煤屑碰撞后的速度。

（2）煤屑-钻杆壁面碰撞

煤屑与钻杆壁面的碰撞过程如图 2-5 所示。在图 2-5 中，$\mu^0$、$v^0$、$\omega^0$、$V^0$、$\alpha^0$ 分别为煤屑 p 碰撞前的切向速度分量、法向速度分量、角速度、煤屑速度和冲击角度；$\mu^1$、$v^1$、$\omega^1$、$V^1$、$\alpha^1$ 分别为碰撞后的参数。在碰撞过程中，切向、法向和角速度均会产生损失，可以用碰撞恢复系数来定义。

$$e_{\rm n}=-\frac{v^1}{v^0}\text{；}\quad e_{\rm t}=\frac{\mu^1}{\mu^0}\text{；}\quad e_{\rm a}=\frac{\omega^1}{\omega^0} \tag{2-43}$$

式中　$e_{\rm n}$——切向的碰撞恢复系数；

$e_{\rm t}$——法向的碰撞恢复系数；

$e_{\rm a}$——角速度切向的碰撞恢复系数。

煤屑切向速度和法向速度可用煤屑速度和冲击角度来确定：

$$v^0=V^0\sin\alpha^0\text{；}\quad \mu^0=V^0\cos\alpha^0 \tag{2-44}$$

煤屑-钻杆壁面碰撞可分滑动碰撞和无滑动碰撞。在无滑动碰撞时，各速度分量为：

$$v^1 = -e_n v^0；\quad \mu^1 = \frac{1}{7}\left(5\mu^0 + \omega^0 r_p\right)；\quad \omega^1 = \frac{\mu^1}{r_p} \tag{2-45}$$

滑动碰撞时各速度分量为：

$$v^1 = -e_n v^0；\quad \mu^1 = \mu^0 - f_p\left(1 + e_n\right)v^0\varepsilon_0；\quad \omega^1 = \frac{\mu^1}{r_p} \tag{2-46}$$

式中　$f_p$——煤屑与钻杆壁面的滑动摩擦系数；

$\varepsilon_0$——煤屑与钻杆壁面相对速度方向的判断参数。

$\varepsilon_0$ 与 $\left(\mu^0 - \omega^0 r_p\right)$ 的值有关，当 $\left(\mu^0 - \omega^0 r_p\right) > 0$ 时 $\varepsilon_0 = 1$；当 $\left(\mu^0 - \omega^0 r_p\right) = 0$ 时 $\varepsilon_0 = 0$；当 $\left(\mu^0 - \omega^0 r_p\right) < 0$ 时，$\varepsilon_0 = -1$。

在负压取样过程中，煤屑群的速度大小、方向基本相同，煤屑-煤屑的碰撞概率较低。当煤屑-煤屑发生碰撞时，一个煤屑加速，一个煤屑减速。由于煤屑速度差较小，碰撞后能量消耗较小，对取样系统而言影响也较弱；当煤屑-钻杆壁面发生碰撞时，煤屑速度和运动方向变化明显，对取样系统影响显著。

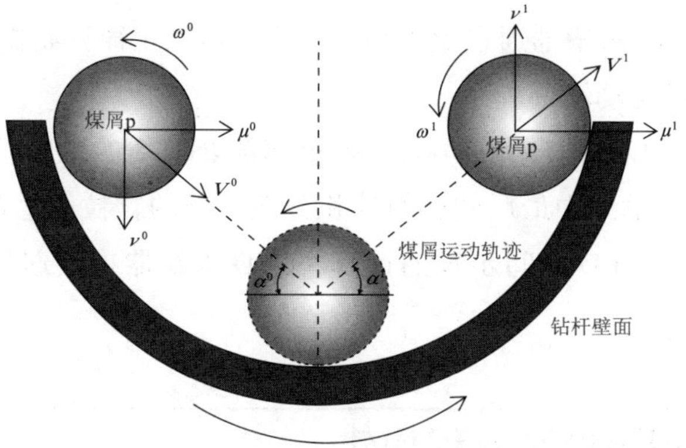


图 2-5　煤屑-钻杆壁面碰撞示意图

## 2.3　气固耦合原理分析

计算流体力学（CFD）和离散元（EDEM）耦合模拟作为较新颖的研究方法。CFD 求解气相流场，EDEM 计算煤屑的受力情况。与传统的试验和模拟方法相比，这些研究方法的优势为：可以进行能量和动量的耦合传递；能够考虑煤屑的粒径、形状、材质等因素，可以更加直观了解到煤屑-气复杂的流动过程及煤屑与气流的相互影响。

CFD-DEM 耦合流程如图 2-6 所示。

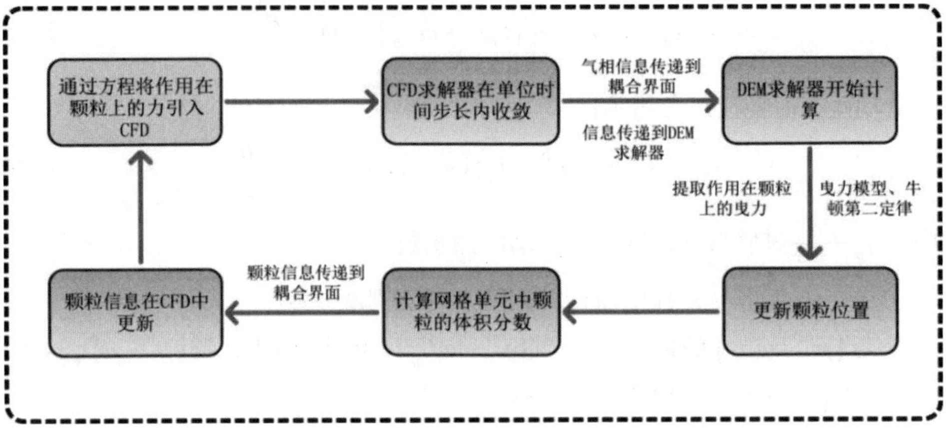


图 2-6　CFD-DEM 耦合流程

首先，CFD 通过方程将流体作用在颗粒上的力引入 CFD 求解器，当 CFD 求解器在单位时间步长内收敛时，气相信息被传递到 CFD-DEM 耦合界面，开始计算作用在颗粒上的重力、阻力和升力。然后，将计算的相互作用力传递给 DEM 求解器，DEM 求解器通过曳力模型、牛顿第二定律开始提取作用在颗粒上的曳力，提取颗粒运动轨迹。

然后，CFD-DEM 耦合界面从 DEM 求解器获取新的颗粒位置和速度数据，更新每个网格计算单元中最后的颗粒体积分数，新的颗粒信息被更新到 CFD 求解器，用于下一个 CFD 时间步长的计算。CFD 求解器再次迭代下一个时间步，直到计算收敛。

## 2.4　气固两相流控制方程构建

研究煤屑-气运动过程的主要方法有欧拉法和拉格朗日法。欧拉法认为气固两相流中存在两个稳定的流场，各控制方程分别对两个流场进行求解。拉格朗日法将气流和煤屑视为连续相和离散相，基于能量守恒气相控制方程和牛顿第二定律固相控制方程，采用计算流体力学和离散元双向耦合的方法计算煤屑和气体的运动轨迹。在煤屑输送过程中，煤屑与气体的运动差别显著，并相互影响。

### 2.4.1　气相控制方程

将空气作为连续相处理，控制方程采用斯托克斯方程：

$$\frac{\partial(\alpha\rho_{\mathrm{f}})}{\partial t}+\nabla\cdot(\alpha\rho_{\mathrm{f}}u_{\mathrm{f}})=0 \tag{2-47}$$

$$\frac{\partial(\alpha\rho_{\mathrm{f}}\varepsilon_{\mathrm{f}})}{\partial t}+\nabla(\alpha\rho_{\mathrm{f}}\varepsilon_{\mathrm{f}}\mu)=-\alpha\nabla\rho+\alpha\nabla\tau-S_{\mathrm{f}}+\alpha\rho_{\mathrm{f}}g \tag{2-48}$$

式中　$\rho_{\mathrm{f}}$——流体密度；

$u_{\mathrm{f}}$——流体速度；

$\alpha$——流体体积分数；

$\tau$——黏度张量；

$S_{\mathrm{f}}$——煤屑和流体单元体积内相互作用力。

考虑到钻杆转动时气相存在湍流扩散，湍流模型选用可变现 $k$-$\varepsilon$ 湍流模型。

$$\frac{\partial}{\partial x_i}(pk)+\frac{\partial}{\partial x_j}(pk\mu_j)=\frac{\partial}{\partial x_j}\left[\left(\mu+\frac{\mu_t}{\sigma_{\mathrm{k}}}\right)\frac{\partial k}{\partial x_j}\right]+G_{\mathrm{k}}+G_{\mathrm{b}}-\rho\varepsilon-Y_{\mathrm{M}}+S_{\mathrm{k}}+\frac{\partial}{\partial t}(\rho\varepsilon)+\frac{\partial}{\partial x_j}(pk\mu_j) \tag{2-49}$$

$$\frac{\partial}{\partial t}(\rho\varepsilon)+\frac{\partial}{\partial x_i}(pk\mu_i)=\frac{\partial}{\partial x_j}\left[\left(\mu+\frac{\mu_t}{\sigma_{\varepsilon}}\right)\frac{\partial k}{\partial x_j}\right]+C_{1\varepsilon}\frac{\varepsilon}{k}(G_{\mathrm{k}}+C_{3\varepsilon}G_{\mathrm{b}})-C_{2\varepsilon}\rho\frac{\varepsilon^2}{k}+S_{\varepsilon} \tag{2-50}$$

式中　$\mu_{\mathrm{j}}$——流体 $j$ 方向的速度；

$\mu_{\mathrm{t}}$——涡流黏度；

$G_{\mathrm{k}}$——由平均速度产生湍流动能；

$G_{\mathrm{b}}$——由浮力产生的湍流动能；

$Y_{\mathrm{M}}$——压缩性对湍流的影响；

$S_{\mathrm{k}}$——湍流系数；

$S_{\varepsilon}$——湍流系数；

$C_{1\varepsilon}$，$C_{2\varepsilon}$，$C_{3\varepsilon}$——计算常数。

### 2.4.2　颗粒相控制方程

在 EDEM 中，把煤屑构建为软球模型。接触模型采用赫兹明德林接触模型，如图 2-7 所示。

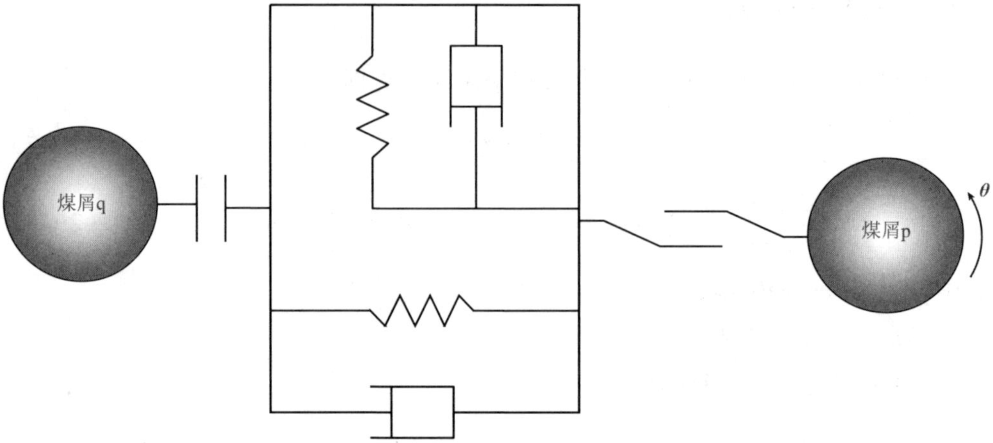


图 2-7　煤屑法向、切向和滑动模型

煤屑 q 和煤屑 p 的接触力为：

$$F_{c,q}^{p} = F_{n,pq} + F_{n,pq}^{d} + F_{t,pq} + F_{t,pq}^{d} \tag{2-51}$$

式中　$F_{n,pq}$——法向弹性力；

$F_{n,pq}^{d}$——法向阻尼力；

$F_{t,pq}$——切向弹性力；

$F_{t,pq}^{d}$——切向阻尼力。

（1）法向弹性力

法向弹性力为：

$$F_{n,pq} = \frac{4}{3} E \sqrt{R} \delta_{n,pq}^{1.5} \tag{2-52}$$

式中　$\delta_{n,pq}^{d}$——法向重叠量；

$E$——杨氏模量；

$R$——煤屑半径。

（2）法向阻尼力

法向阻尼力为：

$$F_{n,pq}^{d} = -2\sqrt{\frac{5}{6}} \frac{\ln e}{\sqrt{\ln^{2} e + \pi^{2}}} \sqrt{S_{n,pq} m_{c}} v_{n,pq} \tag{2-53}$$

式中　$e$——恢复系数；

$m_{c}$——煤屑质量；

$S_{n,pq}$——法向刚度；

$v_{n,pq}$——接触点法向相对速度。

（3）切向弹性力

切向弹性力为：

$$F_{t,pq}=\begin{cases}-\delta_{t,pq}S_{t,pq},\left|F_{t,pq}\right|<\mu_s\left|F_{n,pq}\right|\\ \mu_s\left|F_{n,pq}\right|\dfrac{v_{t,pq}}{\left|v_{t,pq}\right|},\left|F_{t,pq}\right|\geqslant\mu_s\left|F_{n,pq}\right|\end{cases} \quad (2-54)$$

式中 $S_{t,pq}$——切向刚度；

$\delta_{t,pq}$——切向重叠量；

$\mu_s$——滑动摩擦系数；

$v_{t,pq}$——煤屑相对切向速度。

（4）切向阻尼力

切向阻尼力为：

$$F_{n,pq}^{d}=-2\sqrt{\frac{5}{6}}\frac{\ln e}{\sqrt{\ln^2 e+\pi^2}}\sqrt{S_{t,pq}m_c}\,v_{t,pq} \quad (2-55)$$

煤屑旋转运动描述为：

$$\frac{\mathrm{d}\left(I_p\omega_p\right)}{\mathrm{d}t}=T_{DT}^{p}+\sum\left(T_{t,q}^{p}+T_{r,q}^{p}\right) \quad (2-56)$$

式中 $T_{t,q}^{p}$，$T_{r,q}^{p}$——煤屑 q 作用在煤屑 p 上切线和法线接触力产生的扭矩；

$I_p$——惯性张量；

$\omega_p$——煤屑 p 旋转速度上的力矩；

$T_{DT}^{p}$——滑移旋转产生的曳力转矩。

$$T_{t,q}^{p}=r_{pq}\times\left(F_{t,pq}+F_{t,pq}^{d}\right)，\quad T_{r,q}^{p}=-\mu_r\left|r_{pq}\right|\left|F_{n,pq}\right|\frac{w_{pq}}{\left|w_{pq}\right|} \quad (2-57)$$

式中 $r_{pq}$——接触点到煤屑的中心的距离矢量；

$\mu_r$——滚动摩擦系数；

$w_{pq}$——煤屑相对角速度。

当煤屑与钻杆壁面发生接触碰撞时，将钻杆壁面视为质量和直径无穷大的颗粒，相关参数计算过程同上。

## 2.5 曳力模型确定

流场计算在Fluent软件中迭代至收敛后将流场的信息用曳力模型转化为EDEM中的颗粒受流体的曳力，所以选取好合适的曳力模型对于耦合模拟有关键作用。

### 2.5.1 Free stream 曳力模型

最早的曳力模型为 Free stream 曳力模型。在计算过程中由于没有考虑空隙率的影响，所以这种曳力模型误差值较大。该模型的计算公式为：

$$f_{g,i}=0.5C_d\rho_g A_p\left|\mu_g-v_p\right|\left(\mu_g-v_p\right) \tag{2-58}$$

式中 $A_p$——煤屑的投影面积，$m^2$；

$C_d$——曳力模型。

$C_d$ 计算公式为：

$$C_d=\begin{cases}\dfrac{24}{Re} & Re\leqslant 0.5\\ \dfrac{24\left(1+0.15Re^{0.687}\right)}{Re} & 0.5<Re\leqslant 1\,000\\ 0.44 & Re>1\,000\end{cases} \tag{2-59}$$

### 2.5.2 Gidaspow 曳力模型

Gidaspow 曳力模型是结合了 Ergun 和 Wen&Yu 曳力模型。Ergun 和 Wen&Yu 曳力模型根据不同空隙率选取不同计算公式，在计算稀相时使用 Wen&Yu 曳力模型，在计算密相时使用 Ergun 曳力模型。用空隙率为 0.8 时作为稀相和密相的临界值，该模型的适用性较好。

$$f_{g,i}=\frac{v_i\beta}{\varepsilon_p}\left(u_g-v_i\right) \tag{2-60}$$

式中 $u_g$——煤屑处的瞬时气体速度；

$\varepsilon_p$，$\beta$——两相流间的动量传递系数。

$$\beta=\begin{cases}50\dfrac{\varepsilon_p^2\mu_g}{\varepsilon_g^2 d_p^2}+1.75\dfrac{\varepsilon_p\rho_g}{\varepsilon_g d_p}\left|\mu_g-v_p\right| & \varepsilon_g<0.8\\ \dfrac{3}{4}C_d\dfrac{\varepsilon_p\rho_g}{d_p}\left|\mu_g-v_p\right|\varepsilon_g^{-2.65} & \varepsilon_g\geqslant 0.8\end{cases} \tag{2-61}$$

式中 $C_{\mathrm{d}}$——曳力系数。

$C_{\mathrm{d}}$计算公式为：

$$C_{\mathrm{d}}=\begin{cases}\dfrac{24}{Re}\left(1+0.15Re^{0.687}\right) & Re<1\,000\\ 0.44 & Re\geqslant 1\,000\end{cases} \tag{2-62}$$

$$Re=\varepsilon_{\mathrm{g}}\rho_{\mathrm{g}}d_{\mathrm{p}}\left|\mu_{\mathrm{g}}-v_{\mathrm{p}}\right| \big/ \mu_{\mathrm{g}} \tag{2-63}$$

式中 $\mu_{\mathrm{g}}$——空气黏度，$\mathrm{m^2/s}$；

$d_{\mathrm{p}}$——煤屑直径，m；

$\mu_{\mathrm{g}}-v_{\mathrm{p}}$——煤屑与气体的相对速度，m/s。

### 2.5.3 Syamlal-O’Brien 曳力模型

Syamlal 和 O’Brien 根据 Ergun 的研究成果，结合试验结果分析了颗粒速度和空隙率与曳力系数的关系，对曳力系数进行了改进。曳力系数为：

$$C_{\mathrm{d}}=\left(\frac{0.63}{V_{\mathrm{r}}}+\frac{4.8}{\sqrt{V_{\mathrm{r}}Re}}\right)^2 \tag{2-64}$$

式中 $V_{\mathrm{r}}$——系统沉降速度与单个颗粒沉降速度之比。

$V_{\mathrm{r}}$计算公式为：

$$V_{\mathrm{r}}=0.5\left[A-0.06Re+\left(0.036Re^2+0.12Re(2B-A)+A^2\right)^{0.5}\right] \tag{2-65}$$

式中 $A$，$B$——空隙率函数。

$A$和$B$计算公式为：

$$A=\varepsilon^{4.14},\quad B=\begin{cases}0.8\varepsilon^{1.28} & \varepsilon\leqslant 0.85\\ \varepsilon^{2.65} & \varepsilon>0.85\end{cases} \tag{2-66}$$

负压取样煤屑-气流动模型主要条件为稀相气固两相流且主要研究煤屑-气瞬态运动。以上三种曳力模型中 Free stream 曳力模型没有考虑空隙率的影响；Syamlal–O’Brien 曳力模型主要侧重分析颗粒速度和空隙率的关系，未对不同稀密气相进行区分；Gidaspow 曳力模型区分了稀密相气固两相流，选取较为合适空隙率，建立了当颗粒瞬时速度变化时对能量传递变化影响的公式，故本书选取 Gidaspow 曳力模型进行耦合计算。

# 第 3 章 钻杆转动对钻孔负压取样煤屑-气流动特性影响

取样钻头-钻杆是负压取样过程中的关键构件。其中，钻头部分对煤屑进入钻杆的效率及钻杆内气固流动特性影响显著。有关石油钻井在钻进时钻柱（石油钻井中将钻杆称为钻柱）旋转对岩屑运移的研究表明，钻柱旋转对岩屑运移影响不可忽略。而已有关于煤层钻进时钻杆内气固两相流动特性的研究是基于取样钻杆处于静止状态的，并没有考虑钻杆在转动时对钻杆内气固两相流动特性的影响。基于简化后的取样钻头-钻杆模型，采用 CFD-DEM 耦合模拟研究取样钻杆转动对煤屑-气流动特性的影响。

## 3.1 物理模型及模拟条件

钻头是负压取样时从煤壁剥落的煤屑和气体两者混合流动的起始位置。需要选取合理的取样转速及取样风速，使煤屑可以快速通过钻头流体孔进入钻杆。负压取样时采用的 PDC 三翼钻头，如图 3-1 所示。钻头直径为 94 mm。钻头两翼间有一个流体孔。其他流体孔平均分布在钻头上。流体孔内径为 20 mm，倾角为 30°。钻头前端有两个小的流体孔，其直径为 10 mm。

在负压取样过程中，煤屑与气流混合通过流体孔进入钻头。当钻头转速较快时，产生的煤屑过多，气流无法携带较多的煤屑进入钻杆，在流体孔处发生堵塞；当钻头转速较低时，煤屑破坏不完全，在煤壁脱落时易出现块状煤或粒径较大的煤屑，也会存在钻头堵塞问题。因此对取样钻头部分对煤屑进入钻杆的效率及钻杆内气固流动特性的研究尤为重要。

采用 CFD-DEM 耦合方法，模拟研究钻杆转动对煤屑-气流动特性的影响，为选取合适的负压取样参数提供依据。考虑到计算精度和计算成本，对负压取样煤屑-气两相流数学模型做如下假设：

① 气相和颗粒相均为不可压缩的牛顿流体。

② 煤屑均为球形颗粒，粒径均匀，考虑煤屑间的接触力。

③ 在气固两相模拟中忽略温度变化，不计算能量方程。

④ 钻杆在转动过程中为定轴转动。

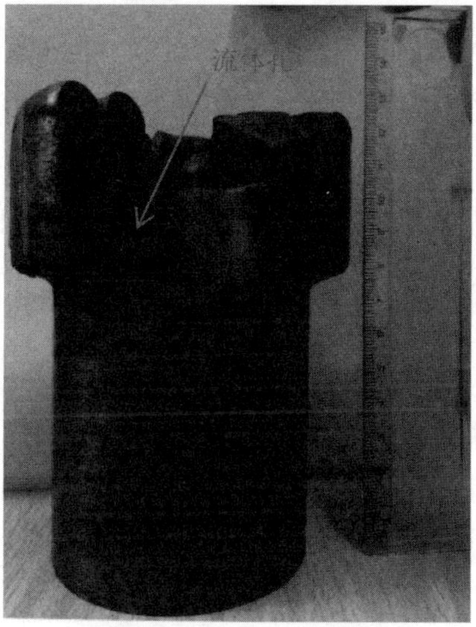


图 3-1 PDC 三翼钻头

### 3.1.1 物理模型与边界条件

钻杆模型及网格划分见图 3-2。

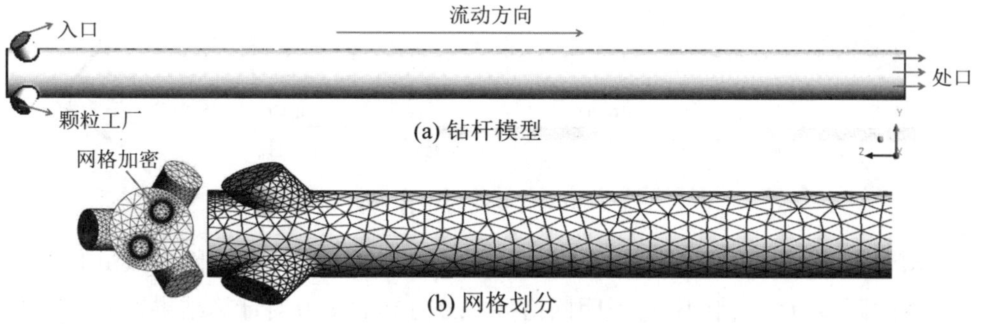


图 3-2 钻杆模型及网格划分

在进行 CFD-DEM 耦合模拟过程中为了更好地观察煤屑进入流体孔的完整流

态过程，忽略了钻头前端的三翼结构，采用了化简的取样钻头结构，其模拟结果较好。基于化简后的 PDC 三翼钻头模型和外接内径 40 mm、长 2 m 的取样钻杆，在 SolidWorks 里进行 1:1 建模。把模型导入 ANSYS Workbench 中进行网格划分。采用非结构网格，并对流体孔处进行局部加密。

### 3.1.2 网格无关性和时间步长独立性验证

#### 3.1.2.1 网格无关性验证

对于 CFD-DEM 数值模拟，网格精度和时间步长对计算结果影响较大，因此在数值模拟前需要进行网格无关性和时间步长独立性进行验证。对于负压取样来讲，取样过程属于瞬态问题，需要确定一个比较合适的时间点来进行验证。根据数值模拟结果，模拟到 3 s 时两相流已经达到了稳定状态，取计算时间 3 s 时钻杆内部压力分布作为网格无关性和步长独立性验证参数。取平行于钻杆中心轴线的一条监测线，如图 3-3 所示。监测线长度为 2 m，距钻杆底部距离为 20 mm。监测线首尾两端点的坐标为（0，0.02，0）、（0，0.02，2）。

在 ANSYS Workbench 中划分网格，对 4 种网格进行无关性验证。4 种网格的数量分别为 64 278、98 319、129 308、168 118。在同一工况下监测线上的压力值如图 3-4 所示。

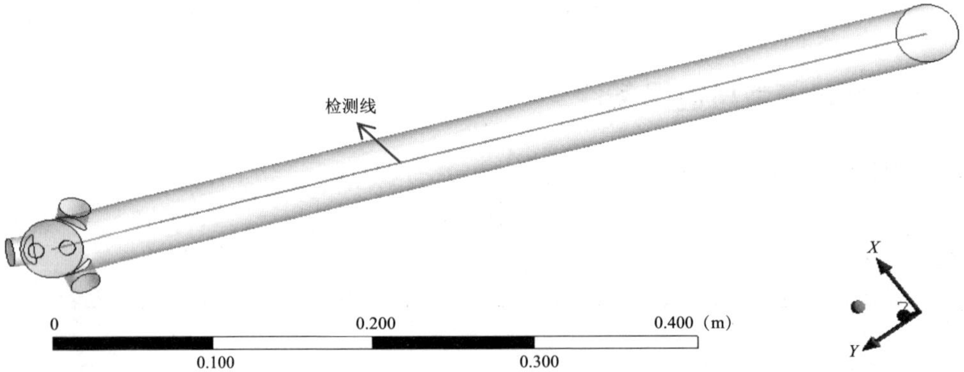


图 3-3　网格无关性验证监测线位置

由图 3-4 可知，网格数量从 12.9 万增加至 16.8 万时，随着网格数量的增加，监测线的压力值变化很小，这说明网格数 12.9 万和 16.8 万对计算结果影响非常小。据此认为 12.9 万和 16.8 万的网格已达到了网格无关。考虑计算成本，选取 12.9 万的网格进行模拟计算。

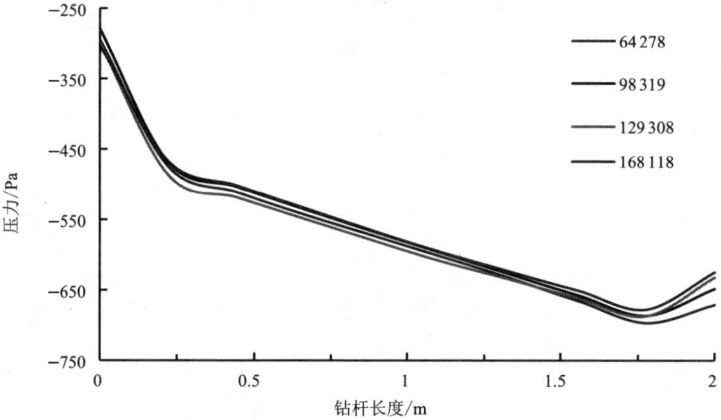


图 3-4　在同一工况下监测线上的压力值

#### 3.1.2.2　时间步长独立性验证

CFD-DEM 数值模拟有两个时间步长。一个是计算气相的 CFD 时间步长，另一个是计算颗粒相的 DEM 时间步长。从理论上讲，气相和颗粒相计算时间步长应该一致，但在实际计算过程中，在相同的时间步长中，气相中的数据变化很小。为了节省计算时间，CFD 时间步长可大于 DEM 时间步长，一般 CFD 的时间步长为 DEM 的时间步长的整数倍。CFD 时间步长一般为 DEM 时间步长的 10～100 倍。DEM 时间步长计算公式为：

$$T_{\mathrm{R}} = \pi R_{\mathrm{p}} \sqrt{\frac{\rho_{\mathrm{p}}}{G}} / \left(0.1631\sigma + 0.8766\right) \tag{3-1}$$

式中　$R_{\mathrm{p}}$——颗粒直径；

$\rho_{\mathrm{p}}$——颗粒密度；

$\sigma$——泊松比；

$G$—煤屑剪切模量。

根据时间步长计算公式，考虑到计算精度和计算成本，CFD 时间步长设置为 $1\times10^{-4}$ s，DEM 时间步长设置为 $1\times10^{-6}$ s，以进行模拟计算。

### 3.1.3　模拟工况设置

采用 CFD-DEM 耦合模拟，研究不同钻杆转速下的煤屑-气流动特征。物性参数与工况设定，如表 3-1 所示。

表 3-1　物性参数与工况设定

| 材料特性 | 数值 | 单位 |
| --- | --- | --- |
| 钻杆长度 | 2 | m |
| 流体孔直径 | 20 | mm |
| 煤屑直径 | 2 | mm |
| 煤屑密度 | 1 450 | $kg \cdot m^{-3}$ |
| 钻杆密度 | 7 400 | $kg \cdot m^{-3}$ |
| 煤屑质量流量 | 0.01×3、0.02×3、0.03×3、0.04×3 | $kg \cdot s^{-1}$ |
| 取样风速 | 20 | m/s |
| 钻杆转速 | 0、50、100、150、200 | r/min |
| 煤-煤静摩擦系数 | 0.6 | —— |
| 煤-煤动摩擦系数 | 0.05 | —— |
| 煤-钢静摩擦系数 | 0.4 | —— |
| 煤-钢滚动摩擦系数 | 0.05 | —— |

气相参数在 Fluent 中设置。采用压力求解器进行 CFD 求解计算。重力加速度方向为 $y$ 轴方向（其取值为−9.81 m/s）。基于有限体积法对控制方程离散化，采用 QUICK 算法求解湍流扩散方程和动量方程，并采用压力耦合方程组的半隐式法（SIMPLE 算法）求解各控制方程组。

颗粒相模型在 EDEM 中设置。煤屑-煤屑、煤屑-钻杆壁的接触模型采用 Hertz-Mindlin 接触模型。重力加速度方向为 $y$ 轴方向（其取值为 −9.81 m/s）。颗粒相设定为无限动态产生直径为 2 mm 的煤屑；气相和颗粒相入口边界均采用压力入口；风流垂直均匀的从入口进入，钻杆出口边界为速度出口。在进行 CFD-DEM 耦合求解时，基于 Eulerian-Lagrarian 耦合方法，采用 Gidaspow 曳力模型，同时考虑升力（Magnus 力和 Saffman 力）、接触力和扭矩。

## *3.2*　CFD-DEM 模型验证

在研究中所采用的模拟方法，与部分研究人员的研究方法相同，均是采用 CFD–DEM 的耦合模拟，其不同之处在于在研究过程中考虑了转速的影响，选取的湍流模型为 Realizable $k-\varepsilon$ 湍流模型，这与之前选取的 RSM 湍流模型有所差别。由于缺少与本书完全相同的试验研究，为了验证本书所选取的 CFD–DEM 计算方法及湍流模型的准确性，参照与本书研究相近且均为水平稀相气力输送的

Naveh[22] 相关试验数据来进行对比验证。压降是气力输送中重要的特征参数之一。为了方便对比各个工况下的计算结果，采用压降进行验证，如图 3-5 所示。

从图 3-5 可以看出，模拟结果与试验结果的压降分布规律与变化趋势相同，模拟结果略低于试验结果，其最大误差为 7.69%。模拟结果与试验结果较为吻合，这验证了湍流模型的可靠性。

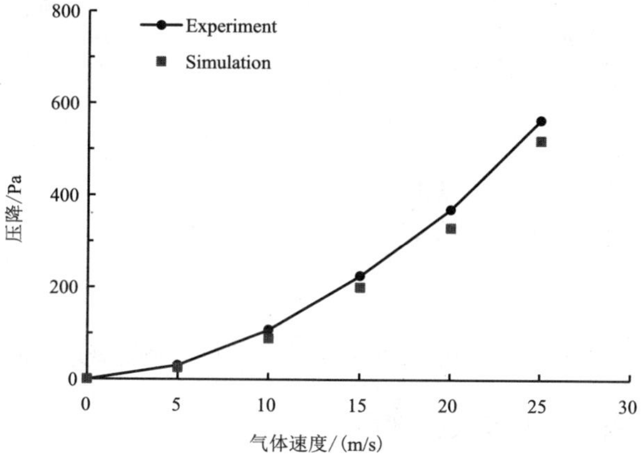


图 3-5　不同气体速度下压降对比（$d$ =1.44 mm ，$D$ =52.5 mm）

## 3.3　钻杆转动对气相流动特性影响研究

### 3.3.1　取样钻头-钻杆内气相流动特性

#### 3.3.1.1　取样钻头-钻杆内气流流线

不同转速下取样钻头-钻杆内气流流线分布，如图 3-6 所示。

由图 3-6 可知，当钻杆不转动（0 r/min）时，气流通过钻头流体孔进入钻杆，以平稳流进行稳定输送，气流运动轨迹顺直；当取样钻头-钻杆转动时，受到钻杆转动的影响，气流在钻杆中心轴线位置汇集形成旋流，沿气流流动方向上钻杆内旋流逐渐减弱直至消失，气流变为平稳流；气流在进入钻头后，大部分流动顺畅，流线平稳，而钻头前端部分气流逐渐收缩，汇集在拐角处形成小漩涡（涡流）。随着钻杆转速增大，气流旋流强度增加，气流螺旋流更加明显，气流与钻杆第一次接触的点后移，旋流螺旋节距变小，沿流动方向上旋流影响距离变长。

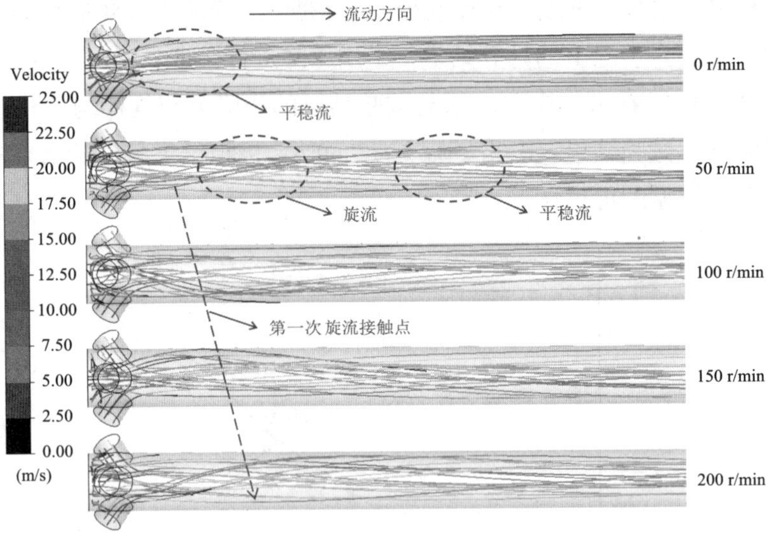


图 3-6　不同转速下取样钻头-钻杆内气流流线分布

### 3.3.1.2　取样钻头-钻杆内气流速度

在取样过程中，取样钻头-钻杆高速旋转时，气流通过三个流体孔以一定的角度进入钻杆内形成切向进气式起旋装置，在钻杆壁的作用下产生切向速度，切向速度在离心力的作用下保持附壁运动，并与轴向速度共同形成旋流。煤屑-气两相流在钻杆内螺旋运动过程中，流体速度有三个分量：切向速度、轴向速度和径向速度。与轴向速度、切向速度相比，径向速度极小可以忽略。在研究钻杆内速度分布时，通常只研究轴向速度和切向速度。不同转速下取样钻头-钻杆内气流轴向速度分布，如图 3-7 所示。

由图 3-7 可知，气流通过钻头流体孔进入钻头后在钻杆中心轴线处汇合，钻头流体孔横截面比钻杆横截面积小，气流进入钻头后流通面积瞬间增大，气流速度逐渐降低，钻头前端气流集聚形成漩涡，在一定范围内形成低速区。在钻杆不转动（0 r/min）和转速为 50 r/min 时，气流在钻杆中心轴线处速度较高，靠近壁面处速度较低。当转速为 0 r/min 和 200 r/min 时，钻头前端速度较高；同一时刻不同转速下，钻杆位置不同，受前端小流体孔的影响，钻头前端速度较大。钻杆转动时，受转速的影响，钻头处低速区与高速区分布规律不明显，但气流在钻杆中心轴线处汇集形成高速条带。随着钻杆转速增加，高速条带范围扩大。当转速为 200 r/min 时，可以清楚地看到钻杆中心轴线处汇集形成的高速条带。

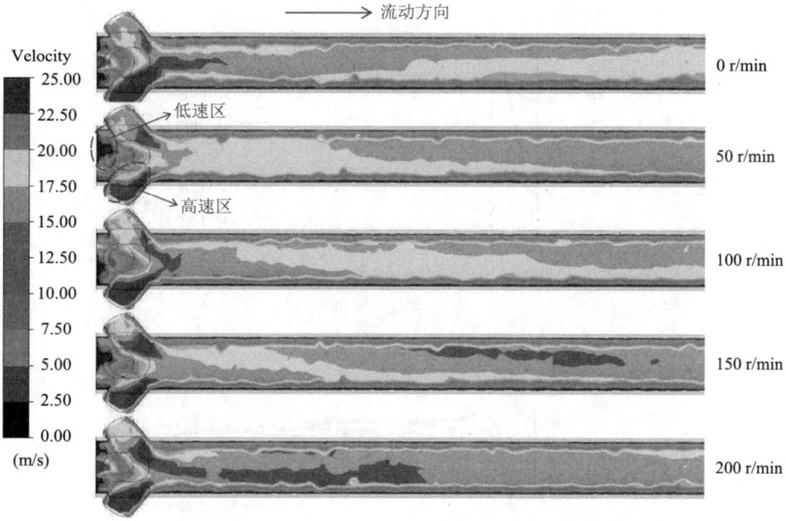


图 3-7　不同转速下取样钻头-钻杆内气流轴向速度分布（$X=0$ 截面）

不同转速下气流轴向速度分布各有不同，其轴向速度分布也不均匀。为了更好地研究取样钻头-钻杆内气流轴向速度以及切向速度，在平行钻杆中心轴线设置 4 条监测线，如图 3-8 所示。

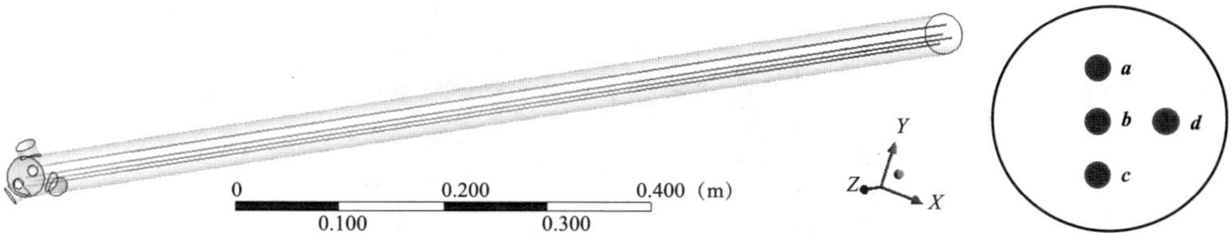


图 3-8　监测线布置图

不同转速下取样钻头-钻杆内气流轴向速度分布，如图 3-9 所示。

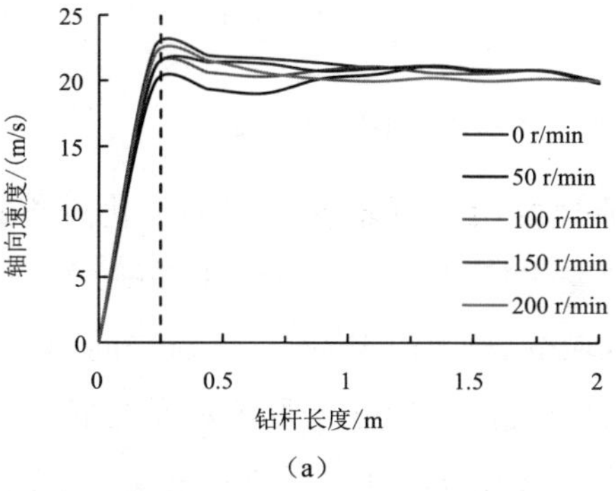


（a）

图 3-9　不同转速下取样钻头-钻杆内气流轴向速度分布

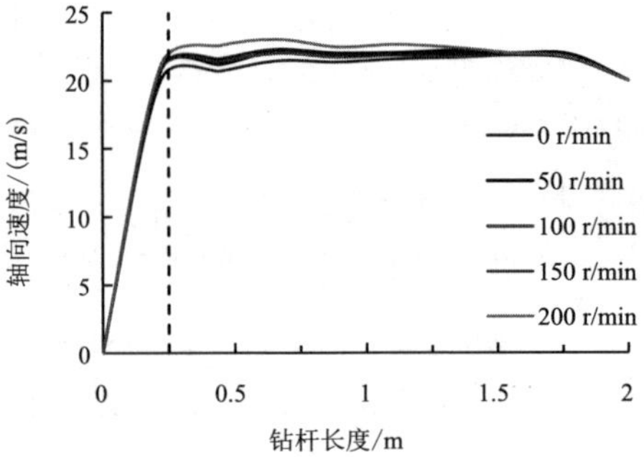


（b）

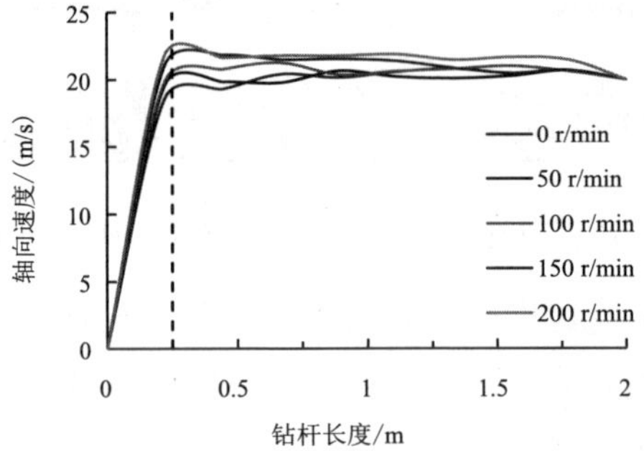


（c）

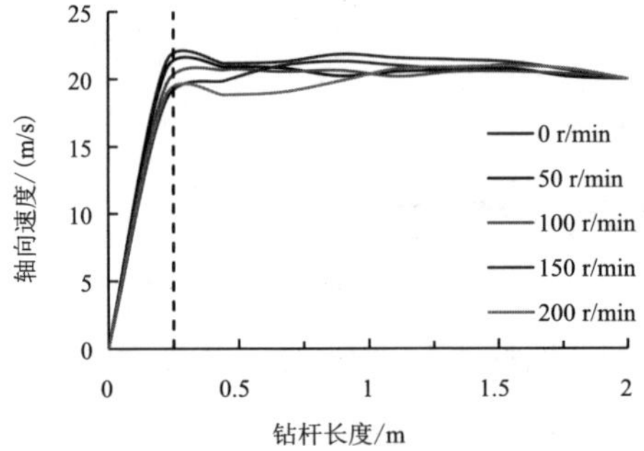


（d）

图 3-9（续）

图 3-9 展示了气流速度沿钻杆轴向方向的变化过程。由图 3-9 可知，在不同转速下气流轴向速度变化趋势相同。气流轴向速度发生明显变化的区域为钻杆 0～0.5 m 范围，此处区域受到旋流的影响，气流轴向速度沿流动方向上先增加后减小。在 0.5～2 m 范围，气流轴向速度逐渐趋于稳定。如图 3-9（a）所示，在钻杆上部，钻杆不转动（0 r/min）时气流轴向速度大于其他转速下的。当钻杆不转动时，煤屑都沉积在钻杆底部，阻碍了气流流动；当钻杆开始转动时，沉积钻杆底部的煤屑受到扰动，获得动能并最终悬浮在钻杆中，增加了钻杆的空隙率，

气流可以更加流畅通过，这导致钻杆不转动时气流轴向速度大于钻杆开始转动时的。如图 3-9（b）所示，在钻杆中心轴线处，气流轴向速度随转速增加而增大。如图 3-9（d）所示，在中间靠近钻杆壁面处，气流轴向速度随转速增加而减少。由于受钻杆转动的影响，钻杆转动产生的旋流阻碍靠近壁面气流的流动，钻杆中心轴线附近空间更大，更加有利于气流流动，随钻杆转速增加阻碍，旋流作用越明显。

不同转速下取样钻头-钻杆内气流切向速度分布，如图 3-10 所示。

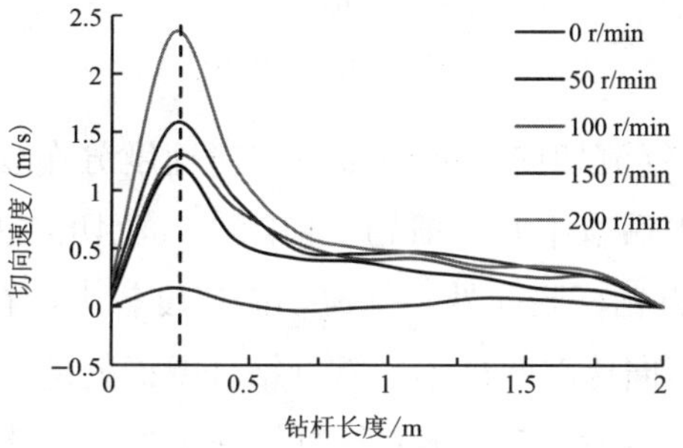


（a）

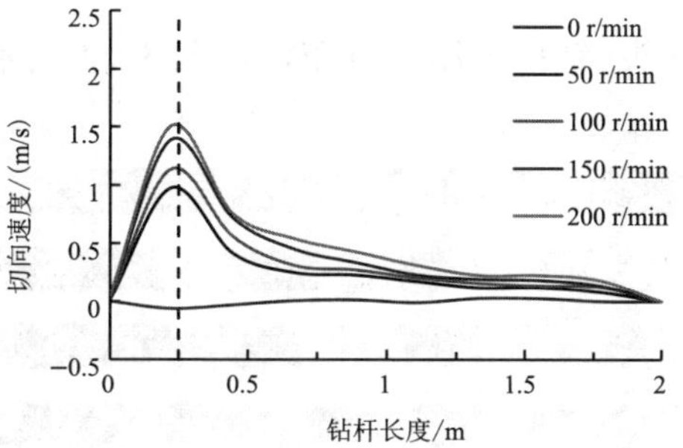


（b）

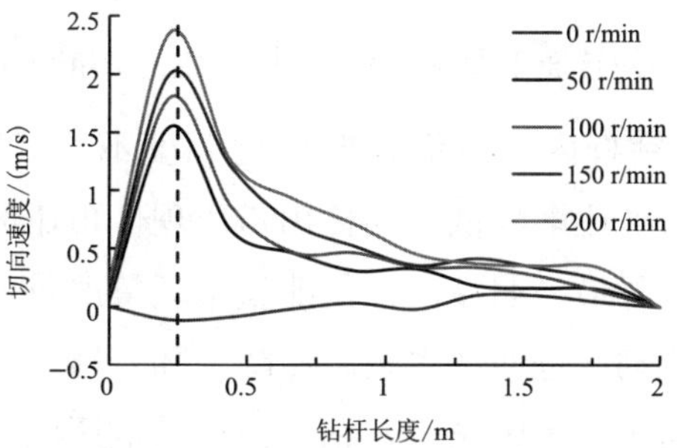


（c）

图 3-10 不同转速下取样钻头-钻杆内切向速度分布

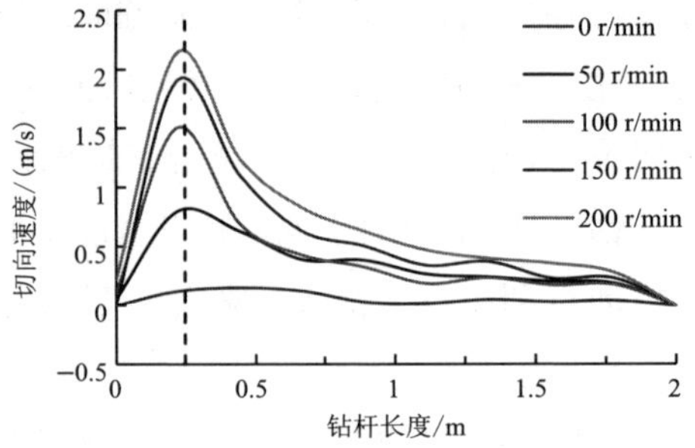


(d)

图 3-10 (续)

由图 3-10 可知，气流切向速度分布与轴向速度分布变化类似；气流轴向速度沿流动方向上先增加后减小并逐渐趋于稳定；气流切向速度的最大值出现在钻杆 0.25 m 处。而在靠近钻杆壁面处，气流切向速度较大，在钻杆中心处，受旋流影响较小，此处气流切向速度明显小于靠近钻杆壁面处的。钻杆不转动（0 r/min）时，气流切向速度变化较为稳定。随着钻杆转速增加，气流切向速度显著增加。

### 3.3.1.3 取样钻头-钻杆压力分布

不同转速下取样钻头-钻杆内压力分布，如图 3-11 所示。

图 3-11 不同转速下取样钻头-钻杆内压力分布（$X=0$ 截面）

由图 3-11 可知，钻杆内压力沿径向变化幅度不大，主要沿轴向方向变化；压力从钻头到钻杆出口处逐渐降低。钻杆出口出现低负压区；钻头前端中心处出现高负压区，此处的压降最为明显，也是能量损耗最严重的区域，主要由于此处煤屑聚集，阻碍风流流动，进而产生较高压降。随着转速增加，钻头前端高压区压力值变化不大，但高压区范围减小，钻杆出口处低压区范围增加明显，压力梯度增大，压降也随之增加。

## 3.3.2　取样钻头流体孔处气相流动特性

在取样过程中，煤屑-气两相流主要通过流体孔进入钻杆。流体孔作为取样中两相流的关键通道，决定着煤屑-气两相流能否快速流入钻杆。因此，为了更好地了解取样过程，有必要对钻头流体孔处煤屑的运移轨迹进行分析。

### 3.3.2.1　钻头流体孔处压力分布

不同转速下取样钻头流体孔内压力分布，如图 3-12 所示。

由图 3-12 可知，取样钻头-钻杆在不转动时，三个流体孔的压力分布有所差别：侧方流体孔的压力较大，上方流体孔的压力次之，下方的流体孔的压力最小。在取样钻头中心轴线靠近侧方流体孔处出现高负压区。随着转速增加，下方流体孔处的压力和高压区范围逐渐增大，横向和上方的流体孔处压力变化不大。流体孔拐角处存在低负压区，并沿顺时针方向转动。高负压区域为煤屑流动的主要通道，煤屑阻碍气流流动，压力损耗较大；低负压区处于拐角处，流经此处的风流较少。高负压区和低负压区位置不同主要由于同一时刻不同转速的取样钻头处于不同的位置。

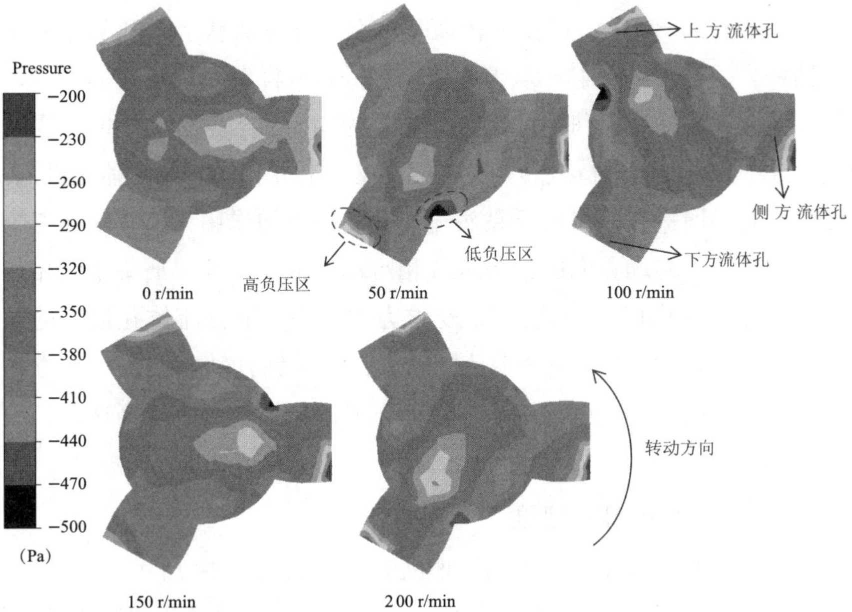


图 3-12　不同转速下取样钻头流体孔内压力分布（$Z=0.015$ m 截面）

### 3.3.2.2　钻头流体孔处轴向速度

不同转速下取样钻头流体孔内轴向速度云图，如图 3-13 所示。

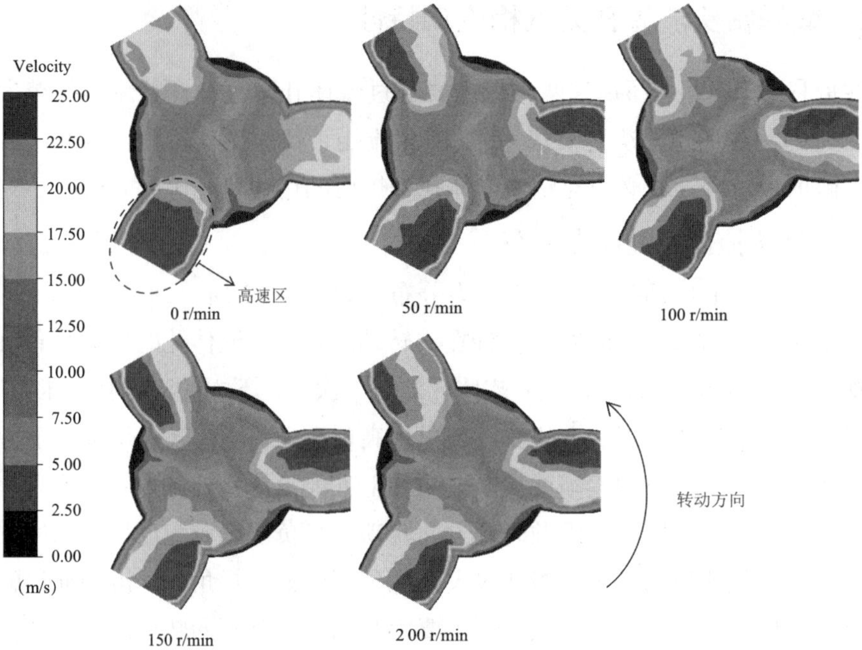


图 3-13　不同转速下取样钻头流体孔内轴向速度分布（$Z=0.015$ m 截面）

由图 3-13 可知，取样钻杆在不转动时，大部分煤屑从上方和侧方的流体孔进入取样钻杆。受重力的影响，从下方流体孔进入取样钻杆内的煤屑较少，下方流体孔较其他两个流体孔，风速较大且分布较为均匀。当钻杆转动时，受钻杆转动的影响，钻杆带动煤屑进行旋转，煤屑不再仅从上方和侧方的流体孔进入钻杆，三个流体孔都有煤屑进入。煤屑受钻头流体孔切向力的作用大多集中在三个流体孔转动方向的后方，转动方向的前方为气相流动通道。由于煤屑集中气相流动通道变小，气流在孔后形成“高速区”，受重力的影响，下方流体孔进入的煤屑没有另外两个流体孔的多，“高速区”范围较大。随着钻杆转速增加，上方和侧方的流体孔气流“高速区”范围逐渐增加，而下方的流体孔气流“高速区”范围逐渐减小。

### 3.3.2.3　钻头流体孔处切向速度

不同转速下取样钻头流体孔内切向速度分布，如图 3-14 所示。

由图 3-14 可以看出，切向速度呈明显的对称分布，主要出现在钻头流体孔处；切向速度数值范围为 −10～10 m/s；3 个流体孔处切向速度均有正向速度区和反向速度区（正向速度区和反向速度区的速度数值大小相同但流动方向相反），且呈轴对称分布，对称轴为流体孔中心轴线。当取样钻头-钻杆不转动（0 r/min）时，正向速度区和反向速度区对称性最为明显。当取样钻头–钻杆转动时，正向速度区范围变大，反向速度区范围变小。不同转速下切向速度分布情况基本相同。这表明钻杆转动只改变钻头流体孔切向速度的位置，并没有改变切向速度大小，钻杆转速对钻头流体孔切向速度大小影响较小。

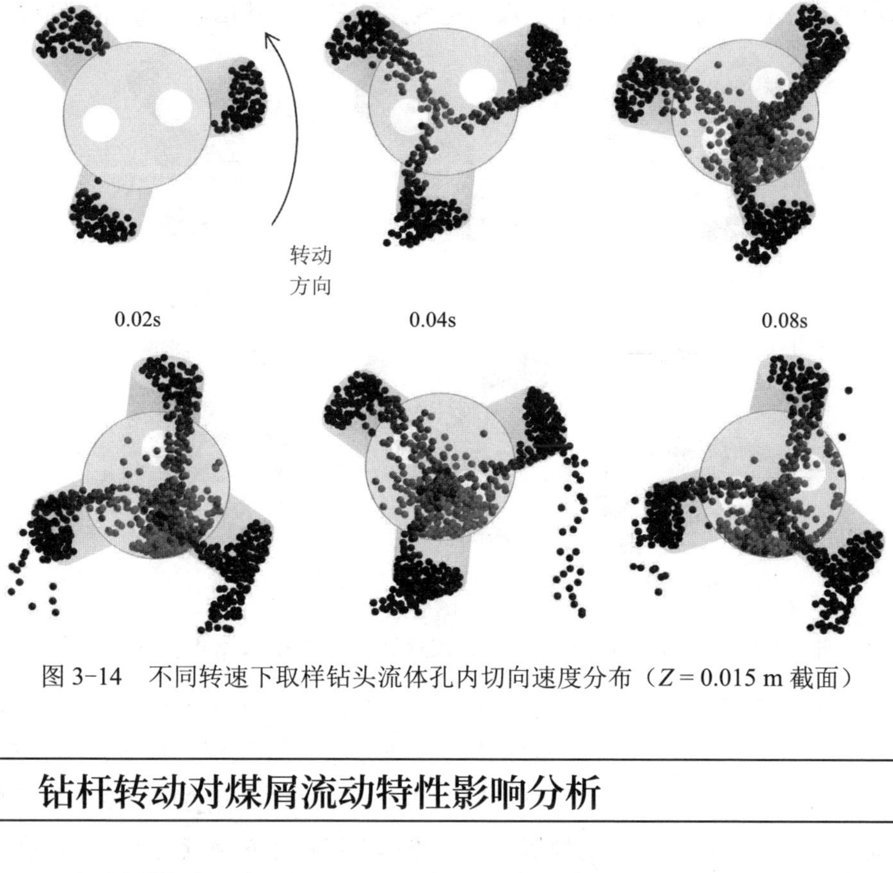


图 3–14 不同转速下取样钻头流体孔内切向速度分布（$Z = 0.015$ m 截面）

## 3.4 钻杆转动对煤屑流动特性影响分析

进一步分析煤屑流动特性，可更加直观看出煤屑在不同工况下进入取样钻头–钻杆内情况、煤屑在钻头流体孔的堵塞倾向性和煤屑在钻杆内的输送能力。

### 3.4.1 取样钻头流体孔处颗粒流动特性

当转速为 100 r/min 时，不同时刻取样钻头流体孔内煤屑运动轨迹（$Z = 0.015$ m 截面）如图 3–15 所示。

钻头流体孔转动时煤屑进入钻杆的整个过程也如图 3–15 所示。煤屑通过钻头流体孔进入钻杆内部是动态变化的。煤屑进入钻杆内的同时，取样钻头–钻杆围绕中心轴线做定轴转动。3 个流体孔的位置呈周期性变化。煤屑在流体孔转动的同时，煤屑通过流体孔进入钻杆内。在此过程中有部分煤屑掉落。钻头流体孔转动一周共用时 0.24 s，在 0.32 s 以后煤屑达到稳定状态。在重力和离心力的作用下，横向和下方的流体孔内煤屑克服了流体孔吸力束缚，煤屑速度达到逃逸速度，脱离流体孔掉落在外部。上方流体孔方向刚好向下，煤屑的离心力与流体孔吸力束缚加上煤屑自身重力较小，煤屑速度达不到逃逸速度而全部进入钻杆内。

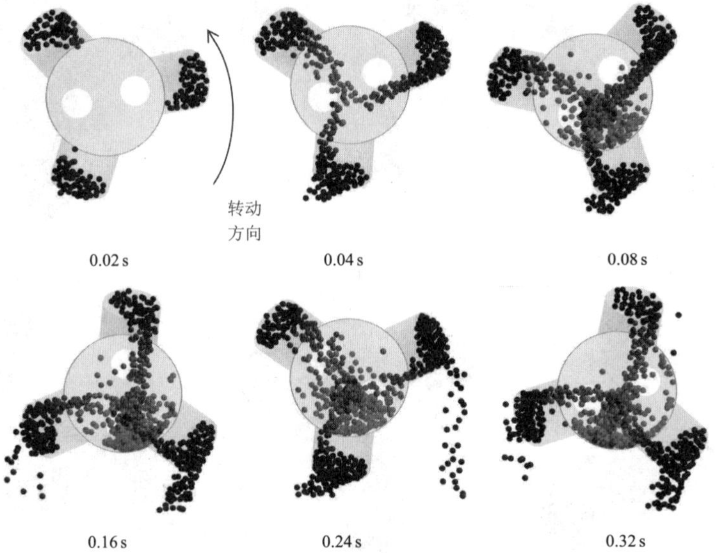


图 3-15　不同时刻取样钻头流体孔内煤屑运动轨迹（$Z=0.015$ m 截面）

不同转速下取样钻头流体孔内煤屑分布（$Z=0.015$ m 截面）如图 3-16 所示。

由图 3-16 可以看出，3 个流体孔内煤屑分布有所差别。当钻杆不转动时，上方流体孔煤屑分布较为稳定，且煤屑全部进入钻杆内；侧方流体孔大部分煤屑进入流体孔，只有小部分煤屑掉落；下方流体孔煤屑分布情况与上方流体孔的相反，受重力影响其煤屑基本上都掉落。当钻杆转动时，下方流体孔煤屑分布变化最为明显，煤屑受到钻头切向力和惯性的影响获得较高的动能，煤屑向后移动且开始进入钻杆内部；随着转速增加，上方流体孔煤屑开始掉落，进入钻杆煤屑数量减少。

### 3.4.2　取样钻头-钻杆内煤屑流动特性

为进一步分析取样钻头-钻杆内煤屑流动特性，从煤屑运动轨迹、截面煤屑浓度、沿程煤屑分布和沿程煤屑速度分布等深入分析转速对煤屑流动特性的影响。

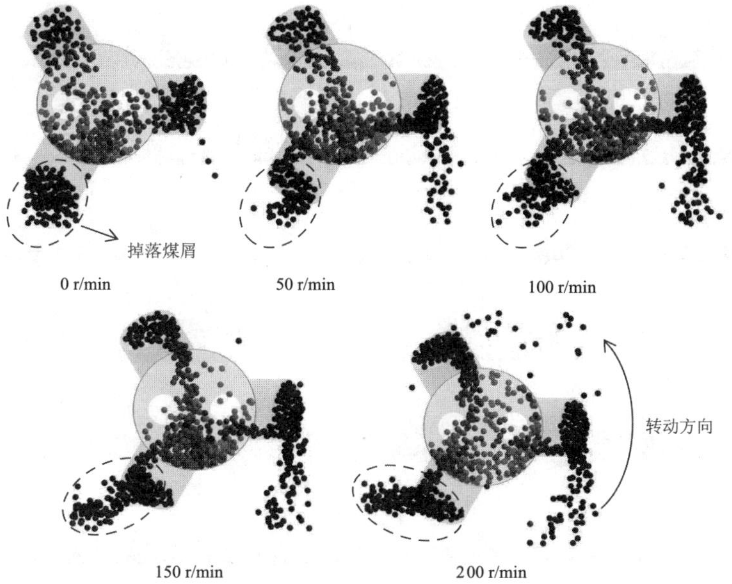


图 3-16　不同转速下取样钻头流体孔内煤屑分布（$Z = 0.015$ m 截面）

#### 3.4.2.1　取样钻头-钻杆内煤屑流态

不同转速下取样钻头-钻杆内煤屑运动轨迹如图 3-17 所示。

① 当钻杆不转动时，煤屑进入钻杆后大多数沉积在钻杆底部，在气流的作用下以管底流形式进行输送；钻杆上部为纯气相流动，存在较少的悬浮煤屑；钻杆内煤屑-煤屑、煤屑-钻杆壁面的接触碰撞增加，煤屑与钻杆壁面的磨损也随之增加，煤屑能耗增大、速度减小。

② 钻杆开始转动时，煤屑进入钻杆后首先与钻杆壁面碰撞接触，然后在气流切向速度的扰动下悬浮起来，煤屑沿钻杆壁面做螺旋状输送。沿流动方向上，随着钻杆长度增加，煤屑旋流逐渐减弱；一定距离后，煤屑旋流逐渐消失，煤屑进入平稳输送状态。

③ 转速的大小对钻杆内煤屑运动轨迹影响有所不同。

④ 当转速为 50 r/min 时，煤屑运动轨迹与转速为 0 r/min 时煤屑运动轨迹差别不太明显。

⑤ 当转速为 100 r/min 时，煤屑旋流轨迹明显，钻杆上方存在不少煤屑。

⑥ 当转速为 150 r/min 和 200 r/min 时，煤屑旋流轨迹显著，煤屑悬浮，并充满钻杆整个截面；煤屑与钻杆壁面的接触变多，钻杆内煤屑旋流节距缩短，煤屑运动距离也随之增加，且旋流影响范围增大。

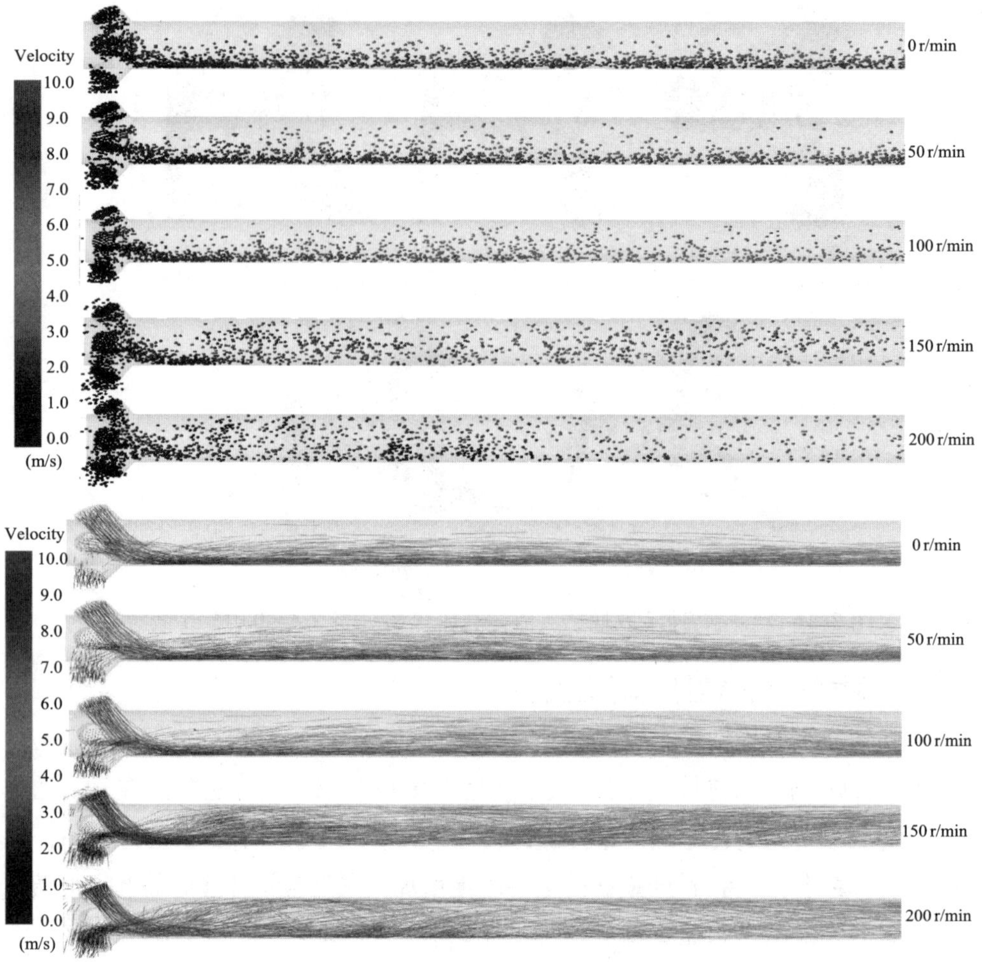


图 3-17　不同转速下取样钻头-钻杆内煤屑运动轨迹

#### 3.4.2.2　取样钻头-钻杆内煤屑浓度

不同转速下沿钻杆长度各个横截面煤屑浓度分布如图 3-18 所示。

由图 3-18 可以明显看出，转速对煤屑浓度分布影响显著。当钻杆不转动（0 r/min）时，在入口附近（0.25 m 处）钻杆底部煤屑浓度最大；随着钻杆长度增加，钻杆底部煤屑浓度逐渐降低，钻杆中心处煤屑浓度逐渐增加。当钻杆开始转动时，在大部分钻杆截面上煤屑浓度分布比较分散；随着钻杆转速增加，煤屑浓度分散程度增加，钻杆底部煤屑浓度逐渐减少，煤屑向上和向中心扩散。当钻杆转速较小时，钻杆内旋流强度较小而无法扰动煤屑悬浮，大部分煤屑沉降于钻杆底部；当钻杆转速增大时，钻杆内旋流强度增大，煤屑在钻杆离心力的作用下开始悬浮，但煤屑额外运动轨迹增长。

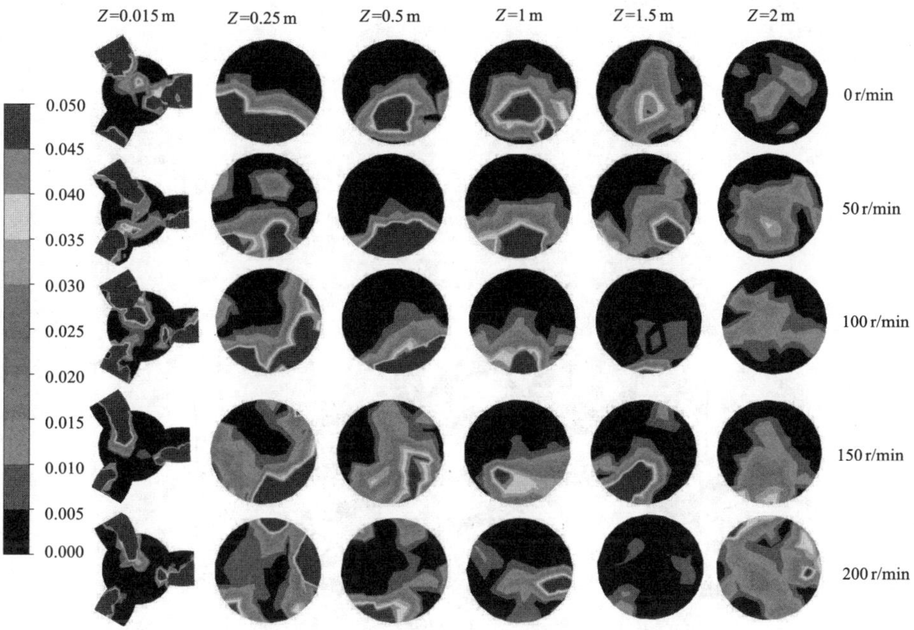


图 3-18　不同转速下沿钻杆长度各个横截面煤屑浓度分布

#### 3.4.2.3　取样钻头-钻杆内煤屑沿程数目分布

侧面流体孔和下方流体孔的部分煤屑受离心力的作用掉落，进入钻杆内的煤屑总数量变化趋势尚不明显，需要进一步分析。为量化分析煤屑在钻杆内的分布特性，对钻杆内煤屑沿程分布数目进行统计。煤屑沿程数目分布可为煤屑的运移特征和流型研究提供依据。为直观分析钻杆中煤屑数目分布，将煤屑分布数目用三维散点图展示，如图 3-19 所示。

由图 3-19 可以看出，不同煤屑质量流量与转速下，取样钻头-钻杆内不同位置煤屑数目分布规律相似。

① 在入口附近（0～0.5 m 范围），煤屑数目分布最多；随钻杆距离增加，煤屑数目骤减并逐渐趋于稳定。

② 随着煤屑质量流量增大，进入钻杆的煤屑数目增加，但增加相对值减少。在煤屑质量流量为 0.04 kg/s 与 0.03 kg/s 时，进入钻杆的煤屑数目基本相同，这说明钻头流体孔对煤屑的吸收能力有限。随着钻杆转速增加，钻杆前端煤屑数目大幅度减少，煤屑在钻杆内分布较为分散。

③ 当钻杆转速为 200 r/min 时，钻杆内煤屑数目在 1 m 处出现明显波动。随着钻杆转速增加，气流扰动了沉积煤屑并使其悬浮，促使悬浮煤屑向前输送，使

煤屑在钻杆内分布变得均匀。

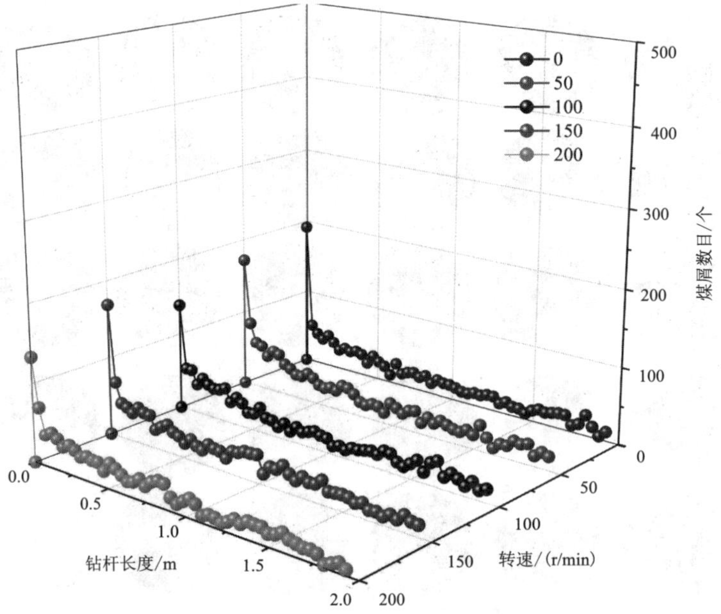


（a）0.01 kg/s

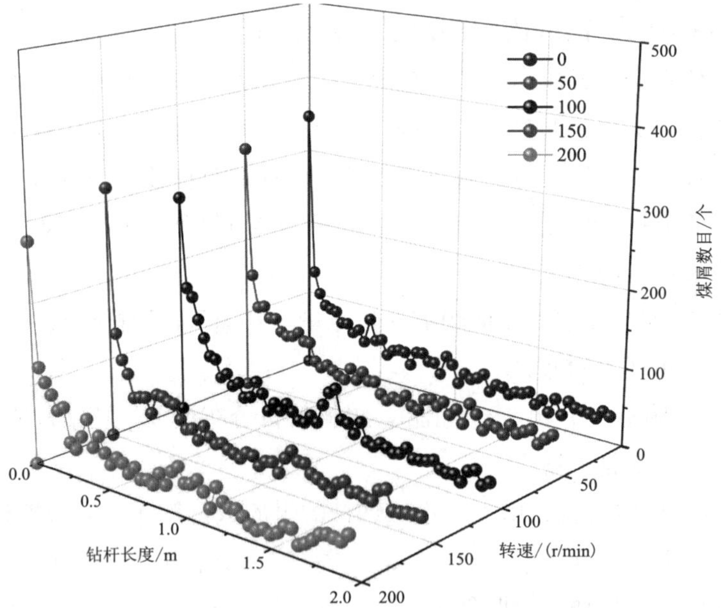


（b）0.02 kg/s

图 3-19　不同质量流量与转速下取样钻头-钻杆内不同位置煤屑数目分布

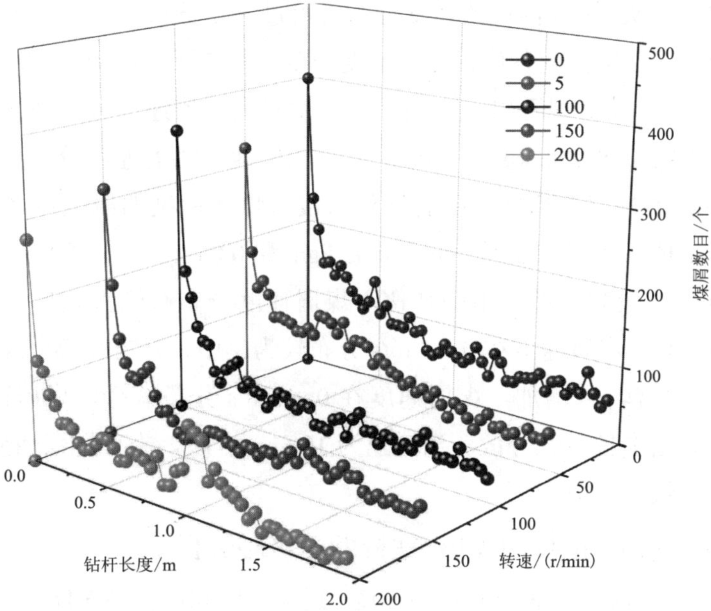


（c）0.03 kg/s

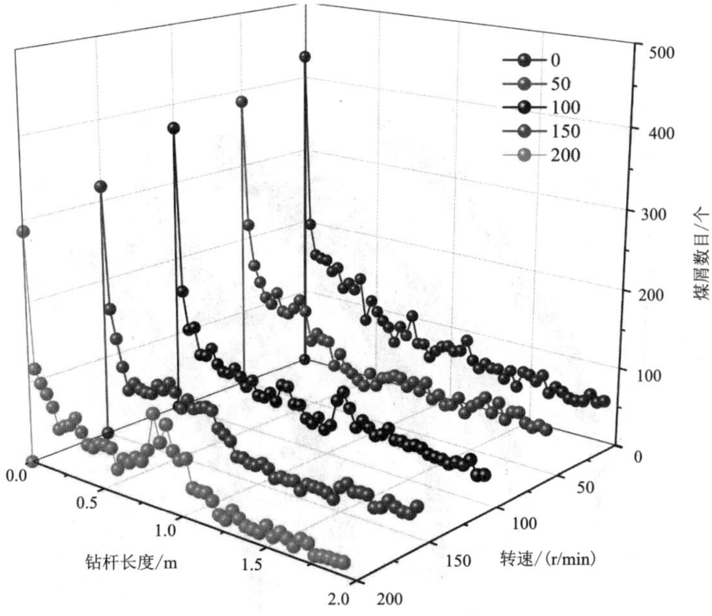


（d）0.04 kg/s

图 3-19（续）

### 3.4.2.4　取样钻头-钻杆内煤屑沿程速度分布

煤屑在气流的携带下加速直至处于悬浮状态，在此过程中煤屑速度变化明显。

定量分析取样钻头-钻杆内煤屑速度分布，可进一步分析不同工况下煤屑加速特征。不同转速下沿钻杆内各位置煤屑速度分布三维点图，如图 3-20 所示。

由图 3-20 可以直观看出，不同工况下钻杆内煤屑速度分布规律。当煤屑质量流量（0.01 kg/s 和 0.02 kg/s）较低时，不同转速下煤屑速度分布情况相同，即煤屑速度沿流动方向上增加，随着钻杆长度，煤屑速度曲线变得平稳且煤屑速度逐渐趋于定值。当煤屑质量流量（0.03 kg/s 和 0.04 kg/s）较高时，沿流动方向上煤屑速度分布较为分散。不同转速下煤屑速度分布有较大差异。当钻杆不转动（0 r/min）时，煤屑速度在 0～5 m/s 分布较为集中，只有少部分煤屑速度达到 9 m/s 以上，随着转速增加，煤屑速度在 0～5 m/s 分布减少，煤屑速度在 5 m/s 以上煤屑分布增多且较为分散。当转速为 100 r/min 时，在不同煤屑质量流量下，煤屑速度分布较为平稳。

### 3.4.2.5 取样钻头-钻杆内煤屑-钻杆壁面接触数目

煤屑-钻杆壁面接触碰撞对煤屑速度、运动方向和取样系统能耗影响显著，因此需对煤屑-钻杆壁面接触数目深入分析。不同转速下煤屑-钻杆壁面接触数目，如图 3-21 所示。

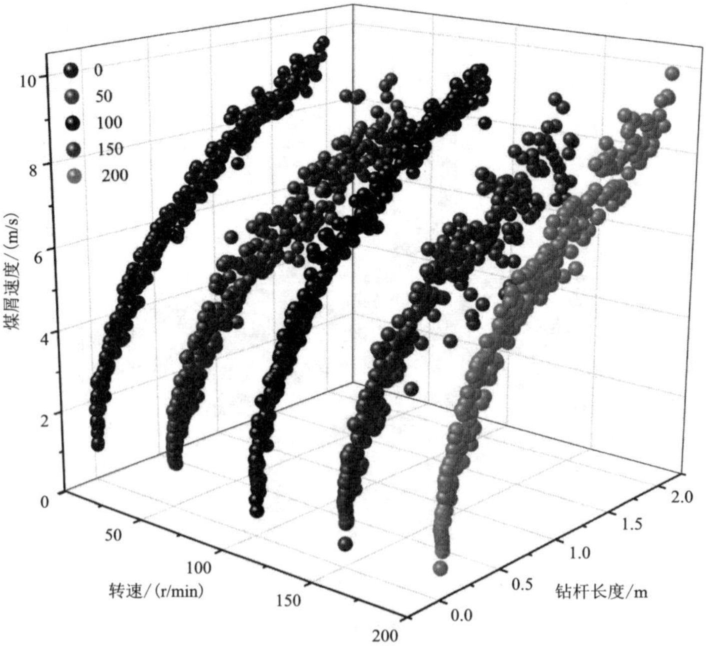


（a）0.01 kg/s

图 3-20　不同转速下取样钻头-钻杆内煤屑速度分布

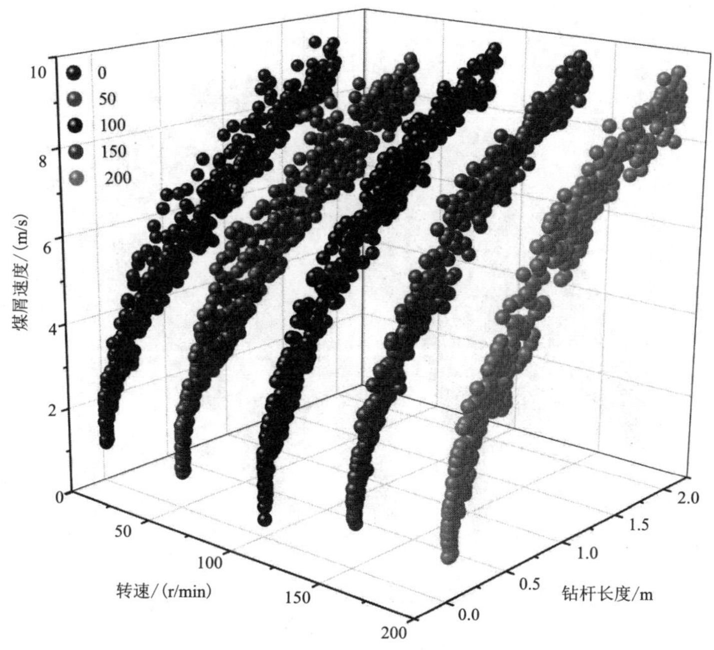


（b）0.02 kg/s

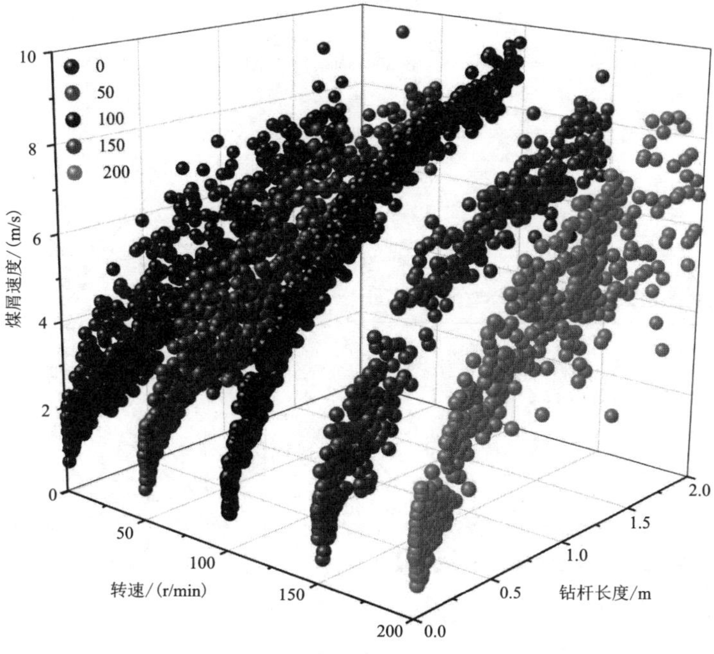


（c）0.03 kg/s

图 3-20 （续）

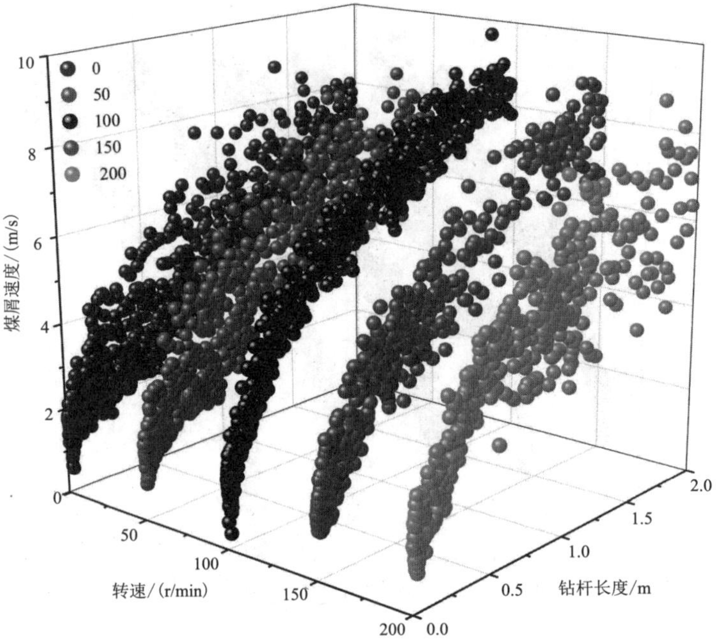


（d）0.04 kg/s

图 3-20（续）

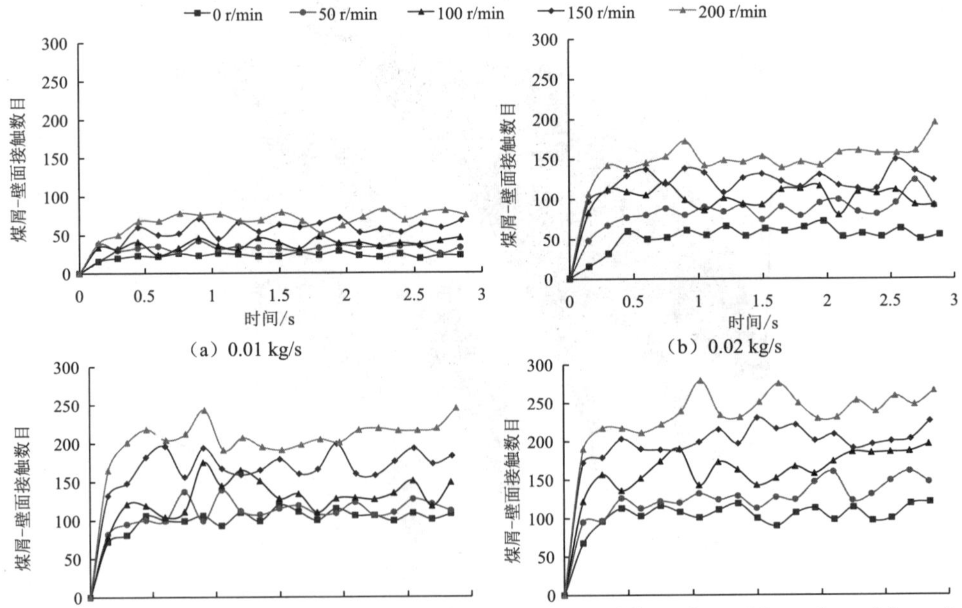


（a）0.01 kg/s

（b）0.02 kg/s

（c）0.03 kg/s

（d）0.04 kg/s

图 3-21　不同转速下煤屑-钻杆壁面接触数目

从图 3-21 中可以看出，不同转速下煤屑-钻杆壁面接触均呈现先增加后保持稳定的变化趋势。当转速为 0 r/min 时，煤屑-钻杆壁面接触数目曲线波动较小；受钻杆转动影响，其他转速下该曲线波动较大。煤屑质量流量和转速的增加均使煤屑-钻杆壁面接触数目增加，但两者作用机理有所不同。转速一定时，煤屑质量流量增加导致生成的煤屑基数增大，进入钻杆内的煤屑数量增多，这增大了煤屑与钻杆壁面的接触概率，使得煤屑-钻杆壁面接触数目增大。由于流体孔横截面的限制，钻头对煤屑的吸收能力是有限的。因此，当煤屑质量流量为 0.03 kg/s 和 0.04 kg/s 时，煤屑-钻杆壁面接触数目变化不大；煤屑质量流量为定值时，进入转杆的煤屑在离心的作用下螺旋输送；转速增加时，离心力增大，煤屑旋流强度增加，煤屑螺旋运动更为明显，煤屑与转杆壁面接触数目也大大增加。

### 3.4.2.6　取样钻头-钻杆内实际煤屑质量流量

在气力输送过程中，稳定取样时间段内物料的质量流量基本不变。在负压取样过程中，钻杆是在不停转动的，部分煤屑逃逸并没有进入钻杆内部。由于钻杆做定轴转动的 3 个流体孔转动位置具有重复性，煤屑质量流量具体变化规律尚不明确，因此需对钻杆内实际煤屑质量流量和固气比进行深入分析。

质量流量是指单位时间内，煤屑通过钻杆的质量。在模拟中可监测稳定输送段的煤屑质量变化来计算实际煤屑质量流量。其表达式为：

$$M_{\mathrm{c}}=\frac{W_2-W_1}{t_2-t_1} \tag{3-2}$$

式中　$M_{\mathrm{c}}$——煤屑质量流量；

$W_2$，$W_1$——对应 $t_2$、$t_1$ 时刻煤屑质量。

不同转速下取样钻头-钻杆内实际煤屑质量流量，如图 3-22 所示。

由图 3-22 可以看出，当设定的煤屑质量流量较低（0.01 kg/s 和 0.02 kg/s）时，不同转速下煤屑实际质量流量均大于钻杆不转动（0 r/min）时的。当设定的煤屑质量流量较高（0.03 kg/s 和 0.04 kg/s）时，钻杆内实际煤屑质量流量变化显著。当钻杆不转动（0 r/min）时，实际煤屑质量流量先增加后保持稳定，波动较小；在 0.5 s 处其趋于稳定。当煤屑质量流量稳定值为 0.05 kg/s 时，不同钻杆转速下钻杆内实际煤屑质量流量先增加后保持稳定，稳定后煤屑质量流量曲线呈现“波浪状”的周期曲线。当转速为 50 r/min 时，实际煤屑质量流量最大，其曲线波动较大，其峰值约为 0.025 kg/s，其循环周期为 0.4 s。随着转速增加，实际煤屑质量流量曲线峰值减小，其循环周期缩短。当转速为 150 r/min 和 200 r/min 时，实际煤屑质量流量低于钻杆不转动（0 r/min）时的。

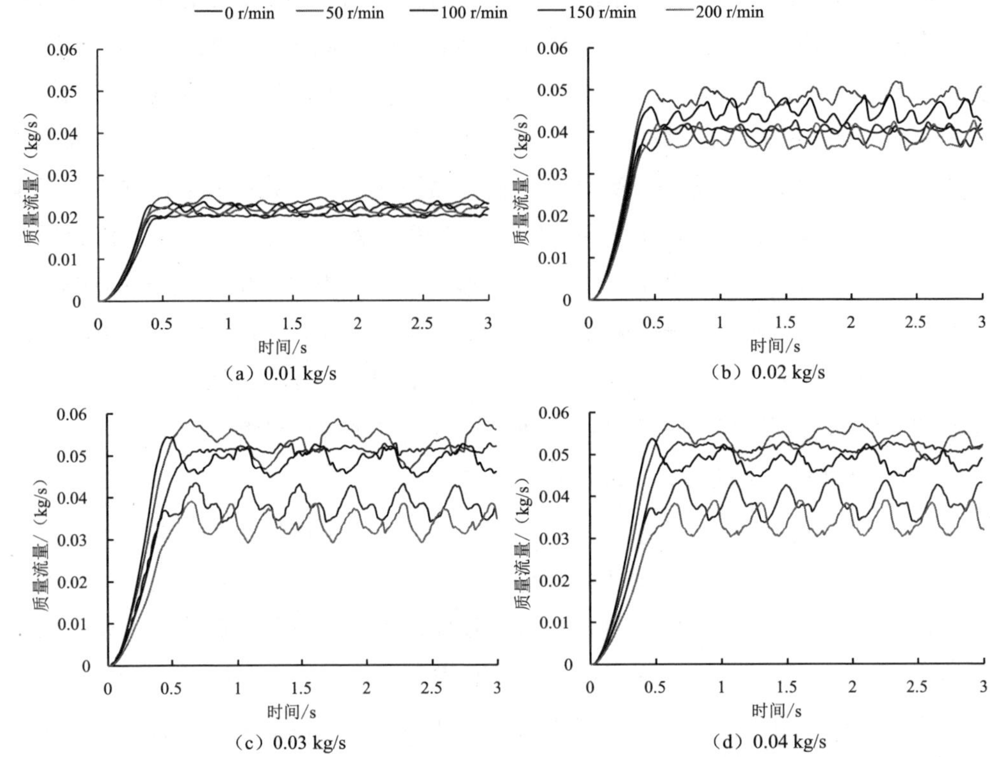


图 3-22　不同转速下取样钻头-钻杆内实际煤屑质量流量

### 3.4.2.7　取样钻头-钻杆内实际固气比

固气比是负压取样中重要的参数之一，是煤屑质量流量与气体质量流量的比值，反映单位质量气流输送煤屑能力。当取样风速一定时，固气比大小取决于煤屑质量流量。通过上述分析可知，固气比实际值低于设定值。为明确相同工况下不同转速时气流输送煤屑能力，需对钻杆内稳定时间段煤屑实际固气比进行分析。不同转速时固气比设定值与实际值对比情况，如表 3-2 所示。

表 3-2　不同转速时固气比设定值与实际值对比

| 模拟次数 | 转速 /(r/min) | 设定质量流量 /(kg/s) | 设定固气比 | 实际固气比 | 输送效率 /% | 输送效率均值 /% |
|---|---|---|---|---|---|---|
| 1 | 0 | 0.01 | 0.48 | 0.32 | 66.67 | 58.46 |
| 2 | | 0.02 | 0.95 | 0.64 | 67.37 | |
| 3 | | 0.03 | 1.43 | 0.81 | 56.64 | |
| 4 | | 0.04 | 1.90 | 0.82 | 43.16 | |

续表

| 模拟次数 | 转速 / (r/min) | 设定质量流量 / (kg/s) | 设定固气比 | 实际固气比 | 输送效率 /% | 输送效率均值 /% |
|---|---|---|---|---|---|---|
| 5 | 50 | 0.01 | 0.48 | 0.375 | 78.13 | 65.58 |
| 6 | | 0.02 | 0.95 | 0.76 | 80.00 | |
| 7 | | 0.03 | 1.43 | 0.85 | 59.44 | |
| 8 | | 0.04 | 1.90 | 0.85 | 44.74 | |
| 9 | 100 | 0.01 | 0.48 | 0.36 | 75.00 | 61.03 |
| 10 | | 0.02 | 0.95 | 0.71 | 74.74 | |
| 11 | | 0.03 | 1.43 | 0.77 | 53.85 | |
| 12 | | 0.04 | 1.90 | 0.77 | 40.53 | |
| 13 | 150 | 0.01 | 0.48 | 0.33 | 68.75 | 52.46 |
| 14 | | 0.02 | 0.95 | 0.63 | 66.32 | |
| 15 | | 0.03 | 1.43 | 0.61 | 42.66 | |
| 16 | | 0.04 | 1.90 | 0.61 | 32.11 | |
| 17 | 200 | 0.01 | 0.48 | 0.34 | 70.83 | 50.31 |
| 18 | | 0.02 | 0.95 | 0.61 | 64.21 | |
| 19 | | 0.03 | 1.43 | 0.54 | 37.76 | |
| 20 | | 0.04 | 1.90 | 0.54 | 28.42 | |

由表 3–2 可知，不同转速时固气比实际值均低于设定值。当设定固气比为定值时，固气比实际值随转速增大先增加后降低。随固气比设定值增加，不同转速时固气比实际值变化趋势相同。

为了更直观反映转速对煤屑输送能力的影响，选用输送效率（即固气比实际值与设定值的比值）来表征。由表 3–2 可知，当转速为 50 r/min 时，输送效率均值最大（达到 65.58%）；当转速为 200 r/min 时，输送效率均值最小（为 50.31%），且低于钻杆不转动（0 r/min）时的输送效率均值。

通过上述分析可知，当钻杆不转动（0 r/min）时，煤屑进入钻杆后大多数沉积在钻杆底部；在风流的作用下，煤屑进入稳定的管底流输送状态；钻杆上部为纯气相流动，有较少的煤屑悬浮，煤屑大多数沉积在钻杆底部。钻杆转动可使煤屑悬浮输送，大大增加了煤屑输送性能和缩短了输送时间。随着钻杆转速增加，提供给煤屑的能量增大，增加了煤屑的切向力，煤屑螺旋流轨迹越明显，与钻杆壁面的接触变多，钻杆内煤屑旋流节距缩短，且旋流影响钻杆距离增加。据此可以看出，转速对煤屑运动轨迹影响显著，减少了煤屑在钻杆内的沉积。但转速过高时，提供给煤屑的能量增大，增加了煤屑的切向力使煤屑螺旋流轨迹越明显。

虽然钻杆旋流强度增加，更多的煤屑悬浮，但进入取样钻杆内煤屑数目减少，煤屑运动距离增加，使取样系统功率消耗增大，且增加钻杆磨损，使颗粒破碎。

通过对取样钻杆内实际煤屑质量流量和固气比分析可知，随着钻杆转速增加，煤屑输送效率先增加后减小；在取样过程中存在最佳转速，最佳取样转速位于 0～100 r/min 之间。

# 第 4 章 钻孔倾角对负压取样钻杆内部煤屑-气流流动特性影响

在井下煤层瓦斯含量测定取样时，钻孔常呈一定倾角布置（上向钻孔、下向钻孔）。为探究钻孔倾角对负压取样钻杆内部煤屑-气流流动特性的影响，基于气固两相流理论及流场中气相受力分析，选择倾斜角度下负压取样过程中的颗粒流动曳力传输模型。在研究煤屑-气流两相流之前，对纯气流状态的研究有助于分析颗粒在钻杆内部运动的深层原因。基于简化的 PDC 钻头，构建钻孔-钻头-钻杆一体化的流体域模型，使用 Fluent-EDEM 耦合模拟研究不同钻孔倾角下负压取样钻杆内煤屑-气流流动特性。

## 4.1　物理模型和模拟条件设置

煤屑在钻孔中由钻头旋转从煤层中剥落，经过取样钻头流体孔中进入钻杆，最终进入取样器。在真实取样过程中，钻孔设计多呈一定的倾角。研究钻孔倾角因素对负压取样过程的影响，有助于明确负压取样过程中合理参数的适用区间，进而提高取样效率与成功率。图 4-1 所示为负压取样采用的 PDC 钻头。钻头直径为 94 mm，前端两流体孔分布在钻头顶部中心，流体孔直径为 10 mm。钻头前部结构转动剥离煤屑。钻头处 3 个流体孔呈中心对称分布在钻杆侧面。流体孔内径为 20 mm，其倾斜角度为 30°。

在负压取样过程中，钻头切削煤壁产生的煤屑颗粒容易在钻孔中产生堆积。过多的煤屑堆积可能会堵塞钻头流体孔进而影响整个取样效率。不同方向倾角对颗粒取样过程有较大的影响。因此，研究不同取样倾角对取样的影响有着重要意义。使用 Fluent-EDEM 耦合模拟研究不同方向倾角对负压取样过程中钻杆内外流体域环境的影响。考虑计算时间成本和计算精度，在模型计算中做出如下假设：

① 在煤屑-气两相流中，忽略温度变化对流场的影响，且煤屑和钻杆流体域内气体均为不可压缩流体。

② 为了更好地研究颗粒在流体域的运动情况，设定煤屑颗粒均为质量均匀的球形，仅考虑球形煤屑颗粒之间的接触力。

③ 钻杆旋转角度是在同一平面的。钻杆旋转为定轴旋转。

图 4-1　负压取样采用的 PDC 钻头

### 4.1.1　流体域模型建立和模拟工况设置

主要研究煤屑颗粒从煤壁上剥落后进入钻杆内部及在钻杆外部的运动状态，因此可以忽略 PDC 钻头的前端结构部分。在 SpaceClaim 软件中建立钻杆模型，如图 4-2 所示。

在建立好的钻杆模型基础上建立包裹钻杆的钻孔-钻头-钻杆一体化流体域模型（见图 4-3），以更为真实地模拟钻孔内取样过程。为了更好地研究在钻杆旋转情况下不同倾角对负压取样过程中颗粒在钻孔区域的影响，将整个流体域分为内外嵌套式的三部分（钻孔与钻杆之间流体域，包裹钻杆流体域和钻杆内部流体域）。

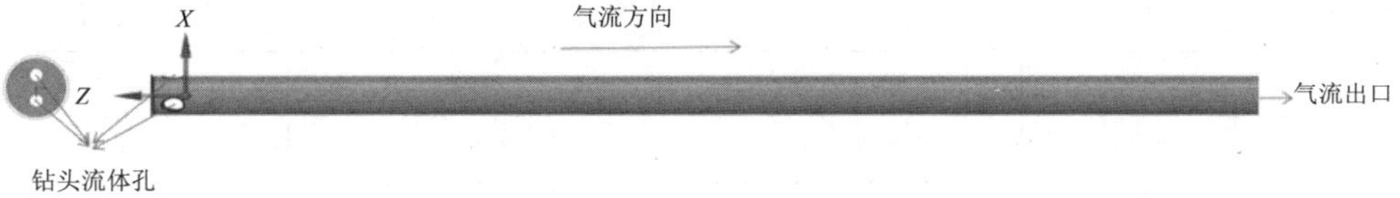


（a）钻杆模型图

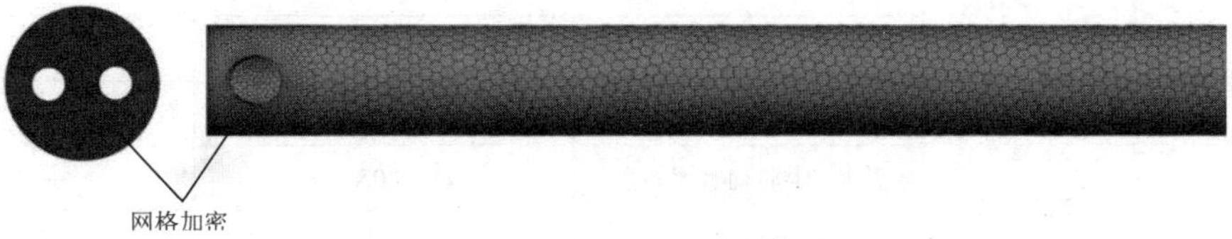


（b）模型网格划分细节放大图

图 4-2 钻杆模型及网格划分

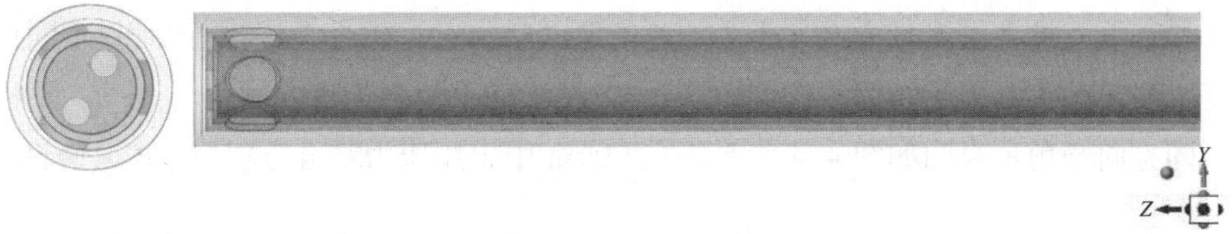


图 4-3 钻孔-钻头-钻杆流体域模型

根据相关研究，管道内旋流强度的测量距离一般不超过管径的 50 倍。设置钻杆模型长度为 2 m。参照取样钻头模型，设置钻杆内直径 40 mm、流体孔直径 10 mm。其余钻孔-钻头-钻杆流体域模型模拟工况设置如表 4-1 所示。

**表 4-1 钻孔-钻头-钻杆流体域模型模拟工况设置**

| | | 参数对象 | 数值 | 单位 |
|---|---|---|---|---|
| CFD 设置 | 模型参数 | 钻杆长度 | 2 | m |
| | | 钻杆内直径 | 40 | mm |
| | | 钻头流体孔直径 | 20 | mm |
| | | 钻头前端流体孔直径 | 10 | mm |
| | 材料 | 空气 | 1.225 | $kg/m^3$ |
| | | 钢 | 8 050 | $kg/m^3$ |
| | 边界条件 | 取样风速 | 15、20、25 | m/s |
| | | 钻孔倾角 | −60、−45、−30、−15、0、15、30、45、60 | ° |
| | | 钻杆转速 | 0、50、100、150、200 | r/min |
| | | 湍流强度 | 2.6、2.5、2.4 | % |

续表（4-1）

| | | 参数对象 | 数值 | 单位 |
|---|---|---|---|---|
| DEM 设置 | 材料 | 煤屑密度 | 1 450 | $kg/m^3$ |
| | | 颗粒工厂 | 0.02 | kg/s |
| | | 颗粒生产 | 不限制 | — |
| | | 煤屑直径 | 2 | mm |
| | 摩擦系数 | 煤屑-煤屑静摩擦系数 | 0.6 | — |
| | | 煤屑-煤屑动摩擦系数 | 0.05 | — |
| | | 煤屑-钢静摩擦系数 | 0.4 | — |
| | | 煤屑-钢动摩擦系数 | 0.05 | — |

在 Fluent 中设置气相参数，使用压力求解器求解颗粒瞬态运动。在流体域水平状态下，重力沿 $Y$ 轴方向（重力加速度取 9.81 m/s），钻杆在 $YZ$ 平面倾斜不同角度。规定钻头向上旋转为正向仰角（$\alpha$），钻头向下旋转为负向倾角（$-\alpha$）。钻杆不同方向倾角示意图如图 4-4 所示。在 Fluent 中采用压力耦合方程 SIMPLE 算法。

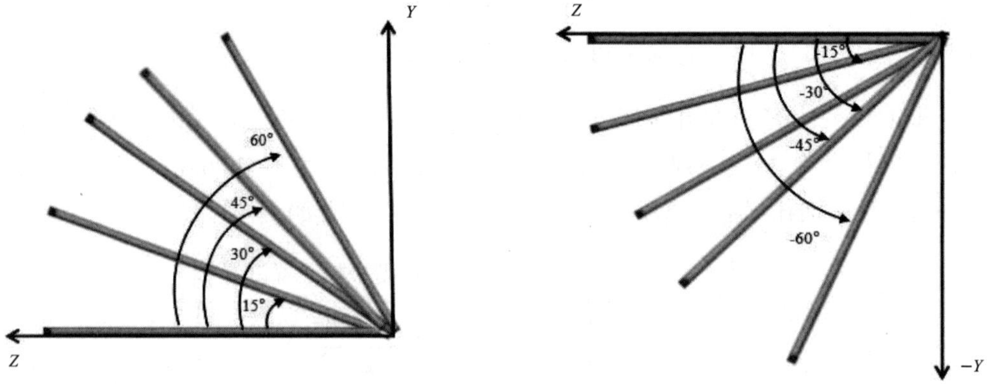


（a）正向仰角钻杆（上向孔）　　（b）负向倾角钻杆（下向孔）

图 4-4　钻杆不同方向倾角示意图

在 EDEM 中设置颗粒相参数，煤屑与煤屑和钢结构接触模型采用 Hertz-Mindlin 接触模型、钻头流体孔为压力入口（常压），钻杆取样出口为速度出口。钻孔底部设置颗粒工厂，其产生无限制的动态生成的直径为 2 mm 的球形颗粒。颗粒产生质量流量为 0.02 kg/s。颗粒相与气相耦合计算主要基于 Eulerian-Lagraian 耦合模型。使用 Gidaspow 曳力模型主要考虑麦格努斯力（Magnus）和萨夫曼力（Saffman）。在倾斜状态下流体域内煤屑-气流动过程是一个复杂的、动态的过程。在钻杆内部，$Z$ 轴负向气流带动钻头处颗粒进入钻杆内部。在取样过程中，煤屑颗粒会堆积在钻杆外部和钻孔底部。

### 4.1.2　网格及时间步长无关性验证

为了在保证计算精度的情况下更好地节省计算时间和计算成本，对网格和时间步长无关性进行验证。将整个流体域模型设置为 5 种不同网格数量。在相同角度、转速和风速状态下，计算时间为 2 s，收敛残差标准均为 $1\times10^{-5}$。在流体域内钻杆中心处设置贯穿钻杆的监测线（见图 4-5），观察监测线上的压力值。

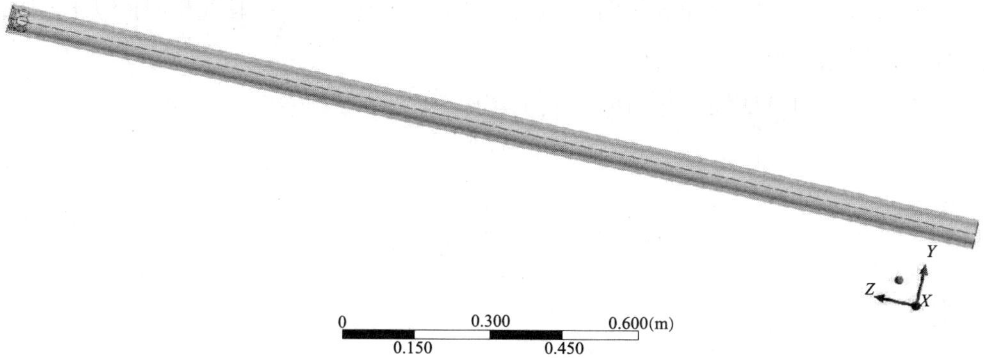


图 4-5　流体域内监测线设置

由粗到细的 5 种网格数量分别为 310 989（粗网格）、432 299（中粗网格）、533 569（中等网格）、579 571（中细网格）、618 697（细网格）。不同网格数量下流体域模型监测线上的压力值如图 4-6 所示。

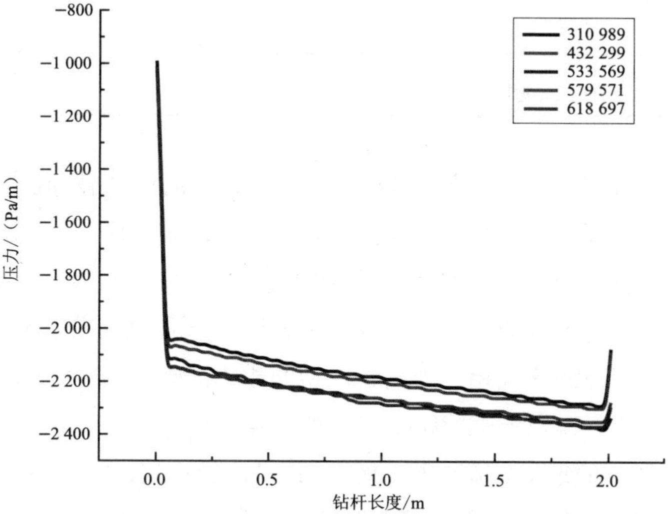


图 4-6　不同网格数量监测线上压力值

由图 4-6 可知，当网格数量增加到 533 569 和 579 571 时，压力变化程度较小且与网格数量为 432 299 时的差距较大，这说明当网格数量增加到 533 569 时，网格数量对计算结果的影响较小。

据上述分析，网格数量为 533 569 和 579 571 时，计算结果已经达到与网格无关。为了节约计算成本，选择网格数量为 533 569。

CFD-DEM 模拟计算中主要包括气相时间步长和固相时间步长。在理想条件下，气相和固相时间步长应当相同，但由于颗粒通常不会在单个气相时间步长中移动很远的距离，气相和固相时间步长不需要完全相同。一般气相时间步长与固相时间步长比为 10：1～100：1。

非线性接触模型的气相时间步长 $T_R$ 为：

$$T_{R} = \frac{\pi d_{s}\sqrt{\frac{\rho_{p}}{G}}}{(0.1631\sigma + 0.8766)} \tag{4-1}$$

式中 $d$——颗粒直径；

$\rho$——颗粒密度；

$\mu$——泊松比；

$G$——煤屑剪切模量。

在考虑计算成本和计算精度下，选择气相时间步长为 $10^{-4}$ s，固相时间步长为 $10^{-6}$ s。

## 4.2 耦合模拟方法验证

采用 CFD-DEM 耦合方法，研究倾斜状态下钻孔-钻头-钻杆流体域内煤屑-气流动特性。考虑钻杆转动及倾角因素的影响，选取的湍流模型及其他限制条件有所不同。模拟环境较为复杂，考虑的影响因素有所交叉，缺少与本试验条件完全相同的现场试验。为了验证采用的耦合模拟方法、选取的边界条件和湍流模型等的准确性，选取相似的稀气相气力输送模型的相关试验数据进行相关验证。选用压降参数进行验证。模拟与试验结果对比如图 4-7 所示。

由图 4-7 可得：在纯气流情况下，模拟结果与试验结果规律大致相同，两者误差在 10% 以内，这证明了钻孔-钻头-钻杆一体化模型的可靠性。

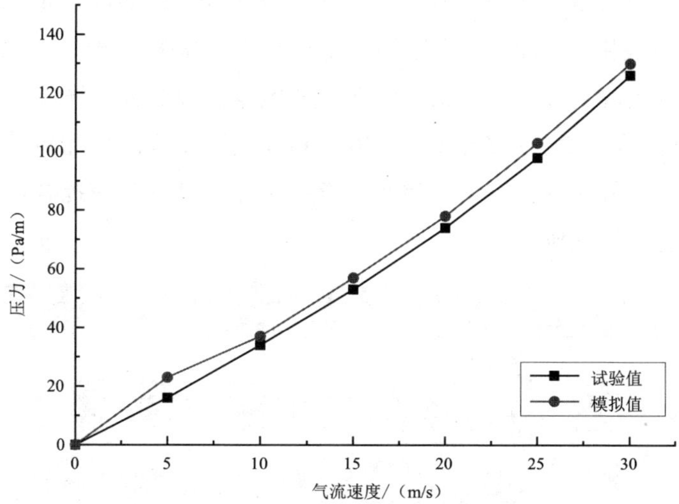


图 4–7　模拟与试验结果对比

## 4.3　倾角对负压取样过程中气相流动特性影响研究

在整个负压取样过程中，钻杆的转速、倾角、内部风速等都是影响钻杆内外整体气流变化的重要因素。为了更完整地研究倾角对流体域内气相流动的影响，采用单因素分析法研究倾角对负压取样过程中气相流动特性影响之前，首先需要确定一个合适的钻杆转速。较为合理的钻杆转速可以在节约计算时间的情况下更加清楚地研究气相运动的形成过程。

### 4.3.1　钻杆转速对负压取样过程气相流动特性影响

在水平情况下，负压取样较为特殊且影响因素较为单一。在水平状态下，研究不同钻杆转速对流体域内气相的影响时，为了后续方便研究煤屑–气流动特性，需要初设一定的风速。根据经验公式，风速需为颗粒的悬浮速度的 2～2.5 倍，因此风速初设为 20 m/s。不同转速下流体域内气流流线分布如图 4–8 所示。

由图 4–8 可以看出：

① 当钻杆转速为 0 时，钻杆内部气流较为平稳，气流流线几乎平行分布且流线较少；随着钻杆转速提高，流体域内气流流线增多且逐渐密集。

② 当钻杆转速增加到 100 r/min 时，明显的旋流出现。在纵向气流流线图中

由于气流流线较多且重叠，故选取在转速为 150 r/min 和 200 r/min 时形成旋流位置前方距流体域底部 0.05 m 处截面观察气流流线，如图 4-8（b）和图 4-8（c）所示。流体域内出现明显旋流；钻杆外部流体域也出现螺旋式气流。

③ 在相同位置（$Z = 0.05$ m 处），200 r/min 转速下旋流更加显著和密集。随着转速增加，旋流节距逐渐变小，逐渐靠近钻头处。钻杆转速提高，更有利于流体域内部气流旋流的形成。

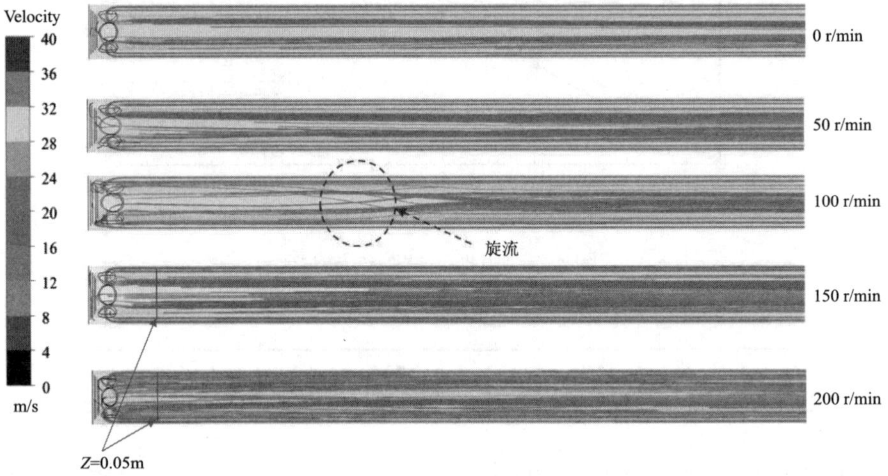


（a）纵向气流流线图

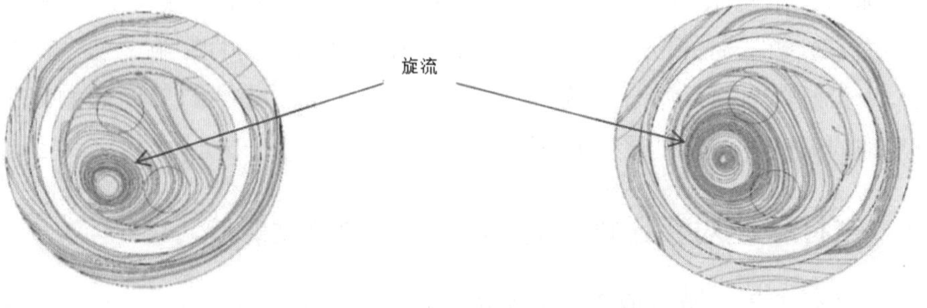


（b）150 r/min 流体域横截面流线图（$Z = 0.05$ m）　（c）200 r/min 流体域横截面流线图（$Z = 0.05$ m）

图 4-8　不同转速下流体域内气流流线分布

流体域内气流速度轴向速度云图（*YZ* 截面）如图 4-9 所示。由图 4-9 可以看出，由于气流线较为杂乱，所以选择对流体域内气流轴向速度继续观察。钻杆靠近内壁处气流轴向速度较低，钻杆中心易形成负向气流高速区且随着钻杆转速的增加，钻杆底部负向高速区逐渐增长增粗。钻杆转动更有利于钻头流体孔处形成高速气流区。钻杆转速增加时，流体孔处的气流也逐渐复杂，因此需要在钻头流体孔中心处做截面观察气流的轴向和切向速度。

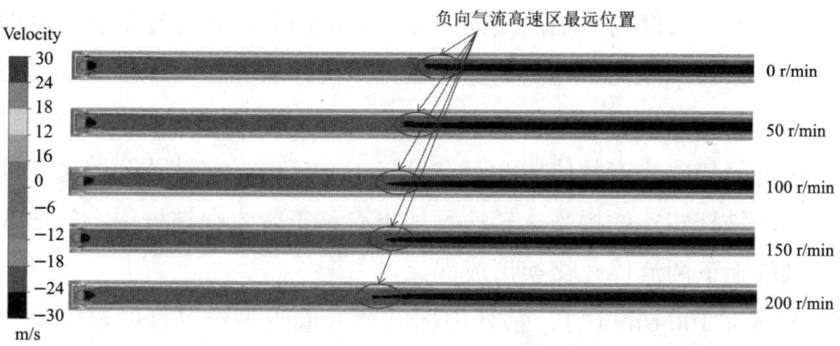


图 4-9　流体域内气流速度轴向速度云图（*YZ* 截面）

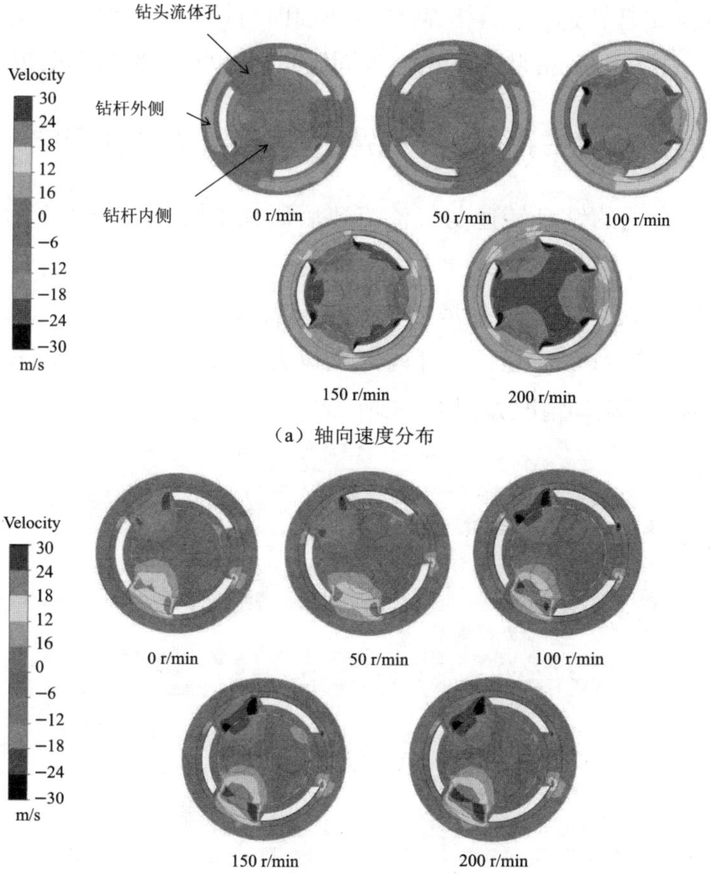


（a）轴向速度分布

（b）切向速度分布

图 4-10　不同转速下钻头流体孔处轴向和切向速度分布（$Z = 0.012$m）

由图 4-10 可以看出，在钻头流体孔处气体轴向速度与切向速度都呈对称分布；随着钻杆转速的提高，钻头流体孔处轴向速度逐渐提高且逐渐向钻杆中心延伸；在 100～200 r/min 转速下，钻杆中心的高速区逐渐明显，这是钻杆内部产生气流旋流的结果。钻杆内部轴向负向速度增大的同时，钻杆外部正向轴向速度也增大，且靠近钻头流体孔壁处负向速度最大。流体域的切向速度主要是沿横向中心上下对称，切向速度数值大小大致相同、方向相反。在计算时间相同情况下，上下流体孔处的切向速度数值增大且向钻杆中心延伸，在钻孔孔壁边缘处易形成高速区。随着钻杆转速的提高，转速增加更有利于旋流在钻杆中心的形成。气流主要通过钻杆上下两流体孔交换形成涡流。

钻杆转速在 100 r/min 时，钻杆内部已经形成较为稳定且明显的旋流。过快的钻杆转速使旋流产生较为密集，这不利于后续研究煤屑-气两相流动特性。并且在 100 r/min 钻杆转速情况下，钻杆内部轴向与切向速度数值较为适中。因此选择钻杆转速在 100 r/min 状态下研究不同倾角对钻杆内部气流运动的影响。

### 4.3.2 不同倾角对钻孔-钻头-钻杆内气相流动特性影响

确定较为合适的钻杆转速与气流流速后研究不同倾角条件下钻孔-钻头-钻杆流体域内气相流动特征。

（1）不同正向仰角下流体域内气相流动特征

当钻杆转速为 100 r/min、钻杆内部风速为 20 m/s 时，不同正向仰角条件下模型流体域内气相流动情况如图 4-11 所示。

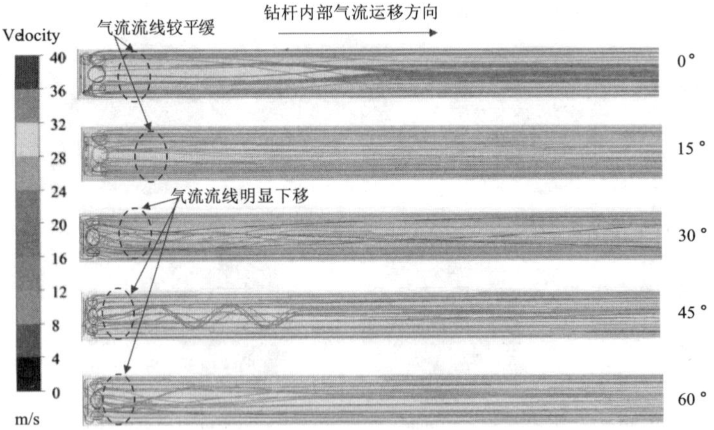


图 4-11　不同正向仰角下流体域内气流流线分布

由图 4-11 可以看出，在水平情况下，由于钻杆转动，钻杆内部已经出现旋流。随着正向角度逐渐增大，钻杆内部旋流显现并逐渐增强。由于重力及角度作用，随着角度逐渐增大，气流流线有下移趋势，且下移开始的距离随仰角角度的增加而越靠近钻头流体孔处。当仰角增大至 45° 时，由于仰角的沿轴向和垂直于轴向的重力分量数值相同，钻杆前端出现了明显的波状气流。

（2）不同正向仰角下流体域内气流轴向速度分布特征

如图 4-12 所示，钻杆在水平情况下，气流通过流体孔时较为顺畅，钻杆内部高速区处于钻杆中心位置；当突然增加了较小的仰角（15°）时，钻头流体孔与钻孔壁形成较小角度有利于对气流进入管道内，故钻杆内负向高速区范围突然增长；当钻杆仰角逐渐增大时（30°～60° 时），仰角增大更有利于钻杆下侧流体孔处气流的进入，气流进入更加顺畅，气流高速区反而缩短。在仰角角度较小（0°～15°）时，钻头流体孔处负向速度数值变化不大，速度区域有所增大；当仰角增大至 30°～60° 时，钻头流体孔处负向高速区由下方流体孔逐渐向上方流体孔移动，其中 45° 仰角时钻头流体孔处负向高速区较为靠上也体现了钻杆内部波状气流的影响。

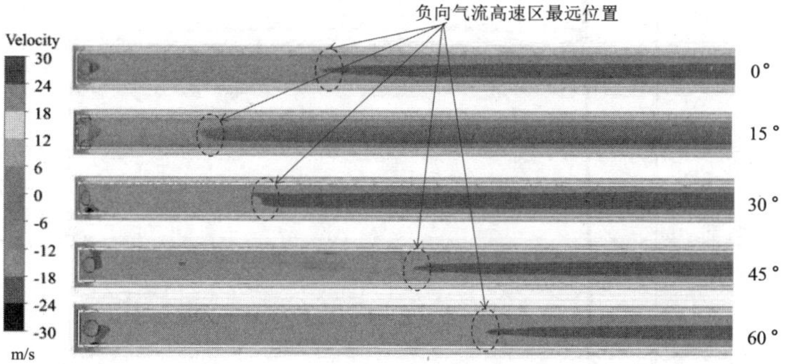


图 4-12　不同正向仰角下流体域内气流轴向速度分布

（3）正向不同角度下流体域内气流轴向速度和切向速度分布特征

为了更直观地分析正向不同角度下流体域内气流的轴向速度和切向速度分布，在整个流体域内设置 7 条相互平行贯穿流体域的监测线。由于流体域呈现轴对称，所以在流体域的竖直中轴线和水平中轴线右侧分别设置 5 条和 2 条监测线（如图 4-13 所示），以监测流体域内轴向速度和切向速度变化。

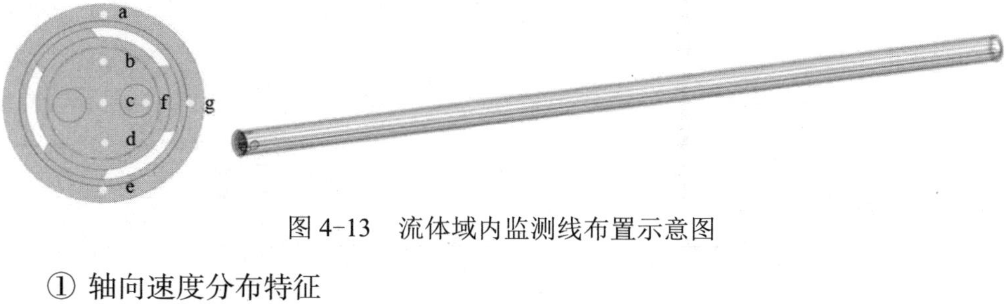


图 4-13　流体域内监测线布置示意图

① 轴向速度分布特征

正向不同角度下流体域内监测线上气流的轴向速度分布如图 4-14 所示。

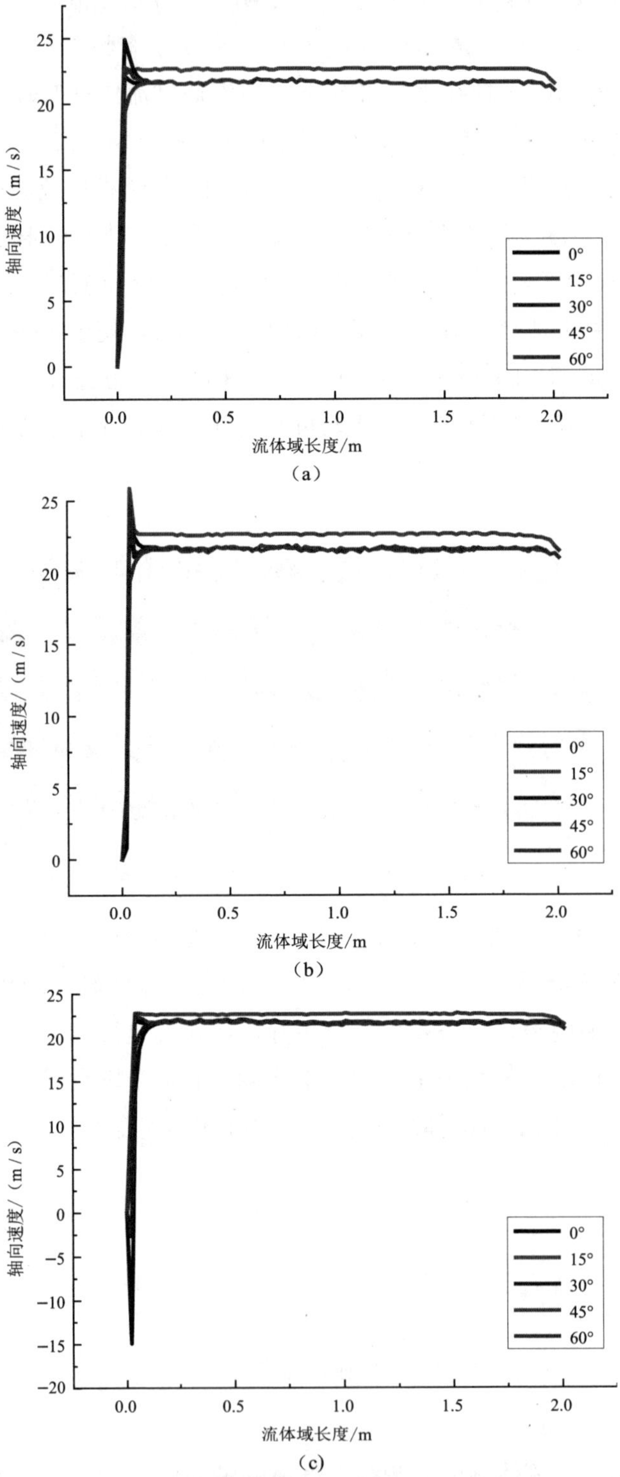


图 4-14　正向不同角度流体域内各监测线气体轴向速度

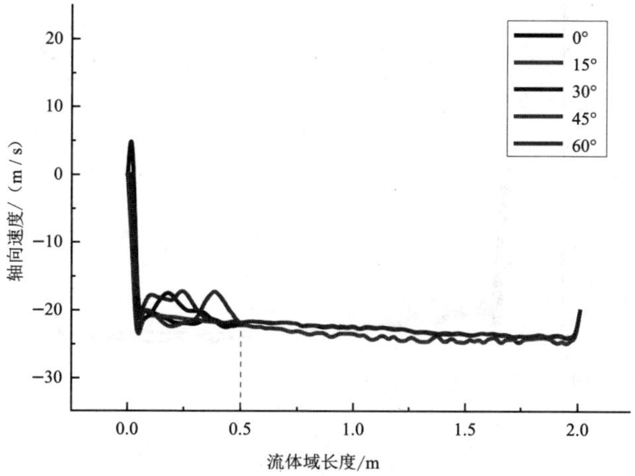
20
10
0
−10
−20
−30
轴向速度/（m/s）
0.0
0.5
1.0
1.5
2.0
流体域长度/m
0°
15°
30°
45°
60°

（d）

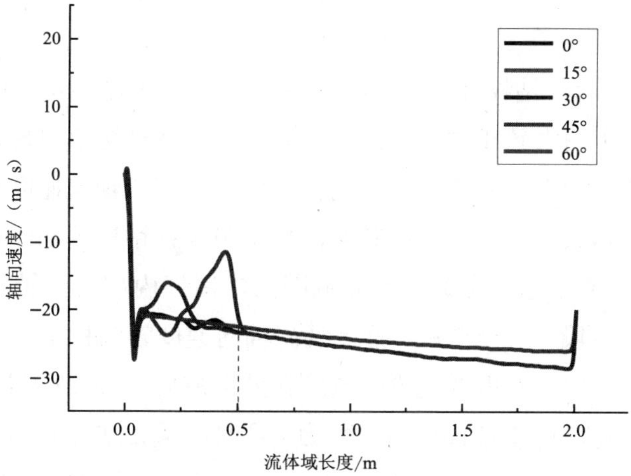
20
10
0
−10
−20
−30
轴向速度/（m/s）
0.0
0.5
1.0
1.5
2.0
流体域长度/m
0°
15°
30°
45°
60°

（e）

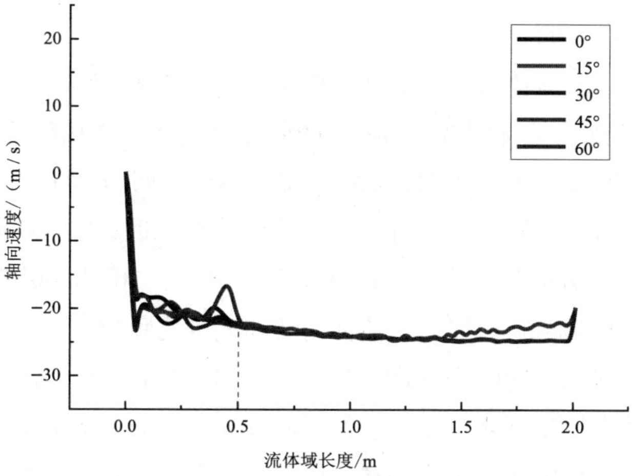
20
10
0
−10
−20
−30
轴向速度/（m/s）
0.0
0.5
1.0
1.5
2.0
流体域长度/m
0°
15°
30°
45°
60°

（f）

图 4-14（续）

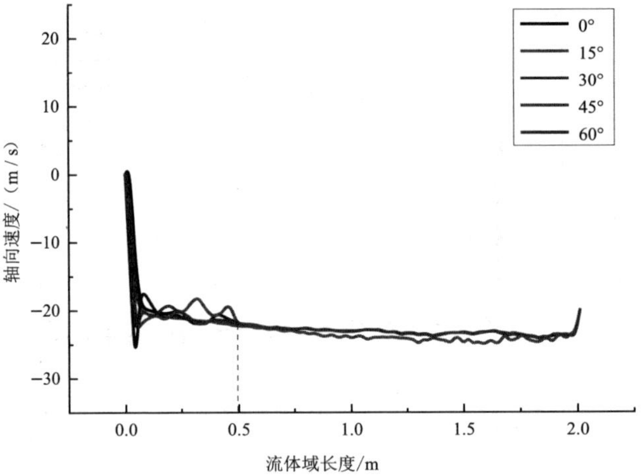


（g）

图 4-14（续）

如图 4-14 所示，钻杆外部气流的轴向速度分布规律大致相同，钻杆内部气流轴向速度分布走向大致相同，二者有明显区别。钻杆尾部出现负向气体，钻杆外侧气流速度逐渐增大。由于钻孔影响，钻杆外部气流轴向速度在经过前端钻孔后出现突增且突增数值较大，之后其数值趋于稳定；钻杆内部区域气流轴向速度发生明显变化区域为流体域 0～0.5 m 范围内，钻杆内部气流轴向速度变化起伏较大，流体域中后段（0.5～2 m）整体气流轴向速度较为稳定。正向不同倾角对气流影响主要是：由于角度变化影响流体孔处形成旋流的大小和位置，从而影响气流轴向速度变化。由于钻杆正向仰角为 45° 时，重力在轴向和切向方向分量影响相同，形成气体旋流较大，故钻杆内部轴向速度变化影响较为突出。

② 切向速度分布特征

正向不同角度下流体域内监上气流切向速度如图 4-15 所示。

如图 4-15 所示，钻杆外侧气流切向速度由上下流体孔位置和倾角所影响。在图 4-15（a）中气流切向速度先负向升高后降低趋于平稳；在图 4-15（e）中切向速度则正向升高后降低，二者方向相反但数值相近。钻杆中心监测线处外部流体域气流受正负方向气流带动切向速度起伏较大；30° 和 60° 时，气流仰角切向速度为正向，0° 和 45° 时候，气流仰角切向速度为负值。

钻杆内部气流切向速度分布规律相似，由图 4-15（b）至（f）可得，钻杆内部气流切向速度发生明显变化区域为流体域 0～0.5 m 范围内，其中 45° 仰角时，由于沿杆和垂直于杆的重力分量一样，所以在各监测线上气流切向速度波动都会更大。如图 4-15（f）所示，靠流体孔较近且处于钻杆横向中心外侧位置，不同角度下气流切向速上下限相比其他位置的浮动更小，并且越靠近钻杆中心位置，钻杆流体孔位置的气流切向速度变化数值越大。

如图 4–16 所示，流体域内压力变化主要在轴向上，在切向上压力变化很小。由于重力分量影响，当正向仰角较小（0°～15°）时，气流与流体孔产生较大摩擦，气流能量增大，钻头流体孔处压力较小；当正向仰角逐渐增大时（30°～60°时），气流进入钻杆更加顺畅，钻头流体孔处压力增大；在钻杆中段（0.5～1 m），压力逐渐增大；直至钻杆尾部，压力不再增大；钻杆外部流体域高压段范围增大。

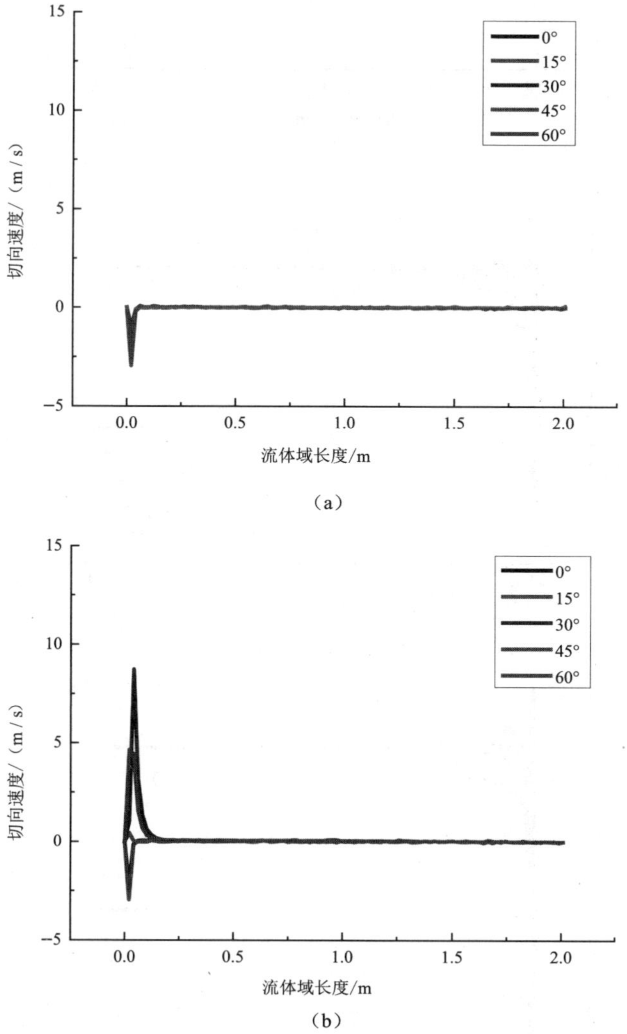


图 4–15　正向不同角度流体域内各监测线气体切向速度

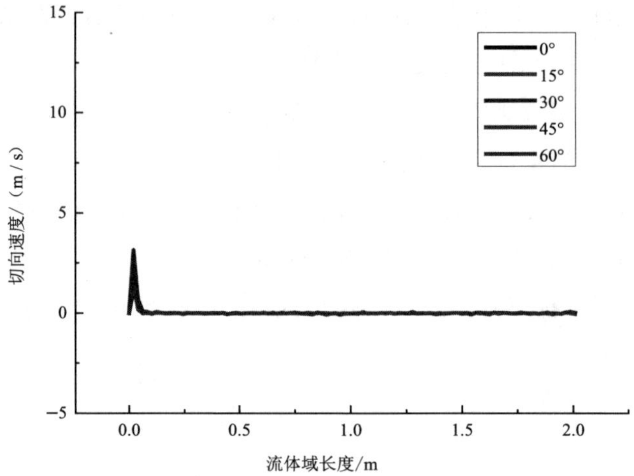
切向速度/（m/s）
流体域长度/m
0°
15°
30°
45°
60°

（c）

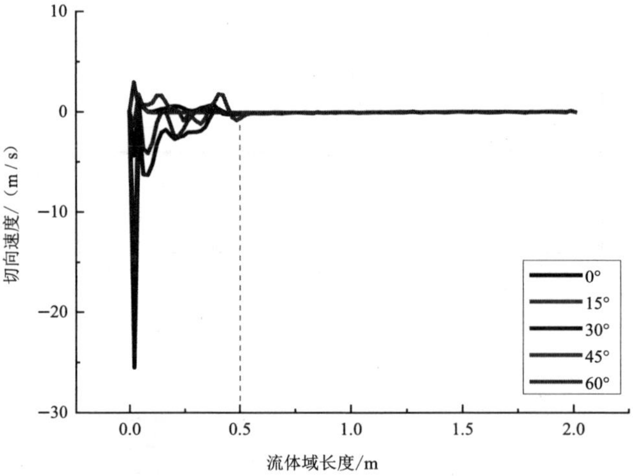
切向速度/（m/s）
流体域长度/m
0°
15°
30°
45°
60°

（d）

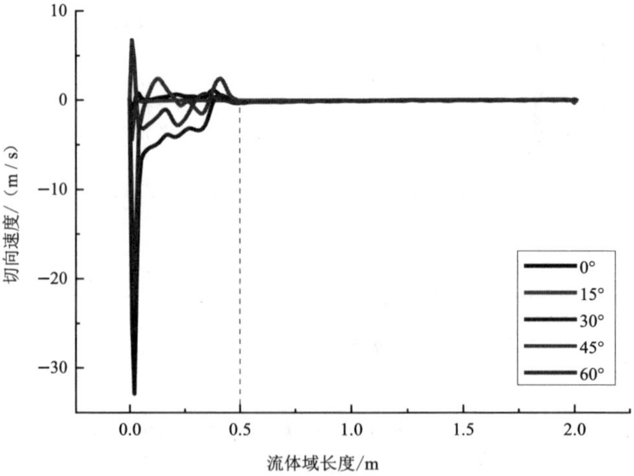
切向速度/（m/s）
流体域长度/m
0°
15°
30°
45°
60°

（e）

图 4-15（续）

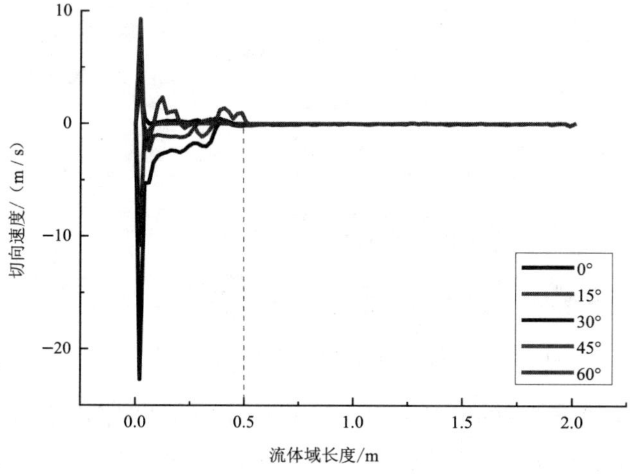


（f）

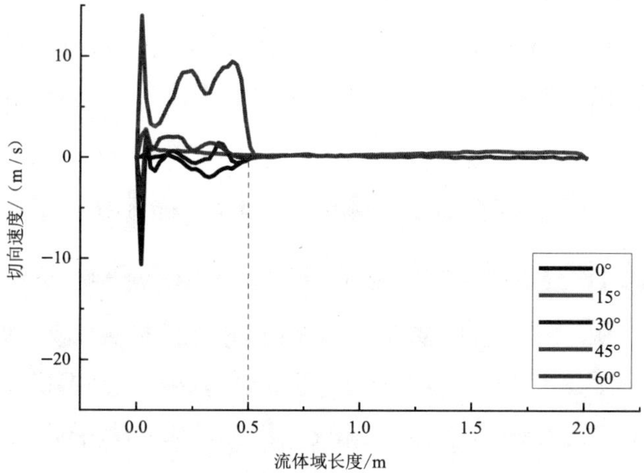


（g）

图 4-15（续）

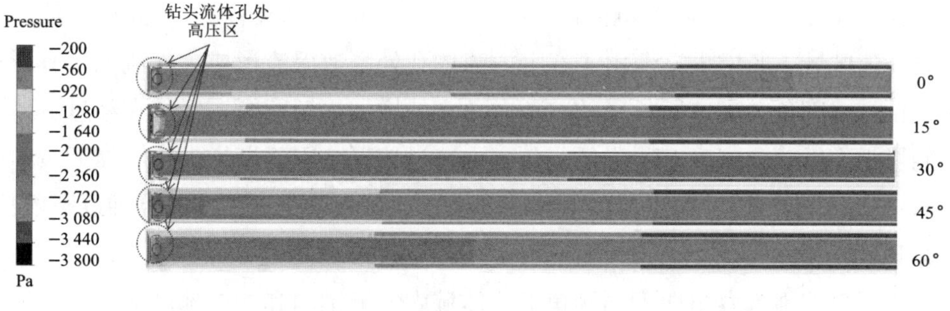


图 4-16　正向不同仰角下流体域内压力分布

钻杆转速为 100 r/min，钻杆内部风速为 20 m/s 时，不同负向倾角条件下流体域内气相流动分布情况如图 4-17 所示。

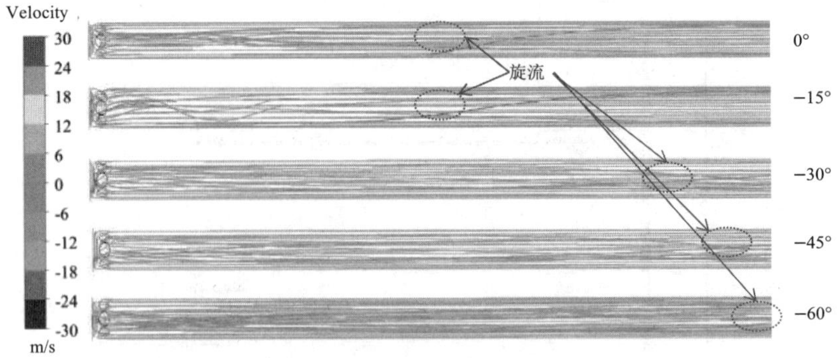


图 4-17　负向不同倾角下流体域内流线分布

如 4-17 所示，在负向倾角较小（0°～15°）时，钻杆内部气流出现波状流动，尤其是在 −15° 情况下钻孔处有明显气流上移情况，当倾角继续增大至 −60° 时，钻孔位置气流反而趋于平缓，在钻杆中后段出现螺旋状气流，且出现的距离随倾角增大而增长；钻孔处气流速度从 −15° 至 −60° 逐渐降低且在通过流体孔后速度逐渐升高。负向倾角的增大不利于钻杆内部旋流的形成，气流能量损耗增大，气流动能减小。

图 4-18　负向不同倾角流体域内轴向速度分布

如图 4-18 所示，随着负向倾角的增加，上部钻孔处出现负向高速气流，且负向高速区域不断增大，但由于在上方流体孔处高速涡流形成，气流能量有所损失；钻杆内部负向高速区长度随着负向角度的增加逐渐缩短；气流在经过流体孔处能量损失后轴向速度有所降低，负向中速过渡区范围逐渐增加直至靠近负向风速出口处形成高速区。包裹钻杆外部正向高速区域随着负向角度的增加逐渐增长，延伸到钻杆流体孔处。

为了更好地观察负向不同倾角下流体域内气流轴向和切向速度分布，在流体域内做与正向仰角下相同的 7 条监测线，监测负向不同角度对气流轴向和切向速度的影响。不同负向倾角下各监测线上气流轴向速度分布如图 4-19 所示。

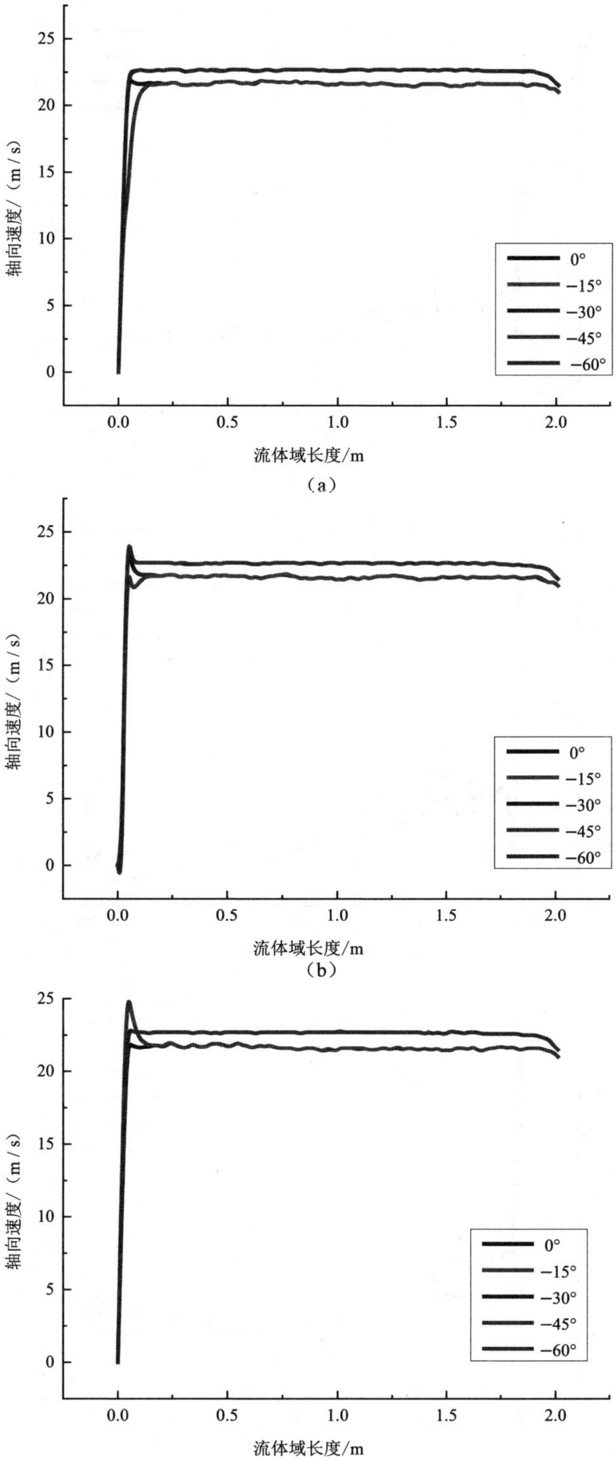


（a）

（b）

（c）

图 4-19　负向不同角度流体域内各监测线气体轴向速度

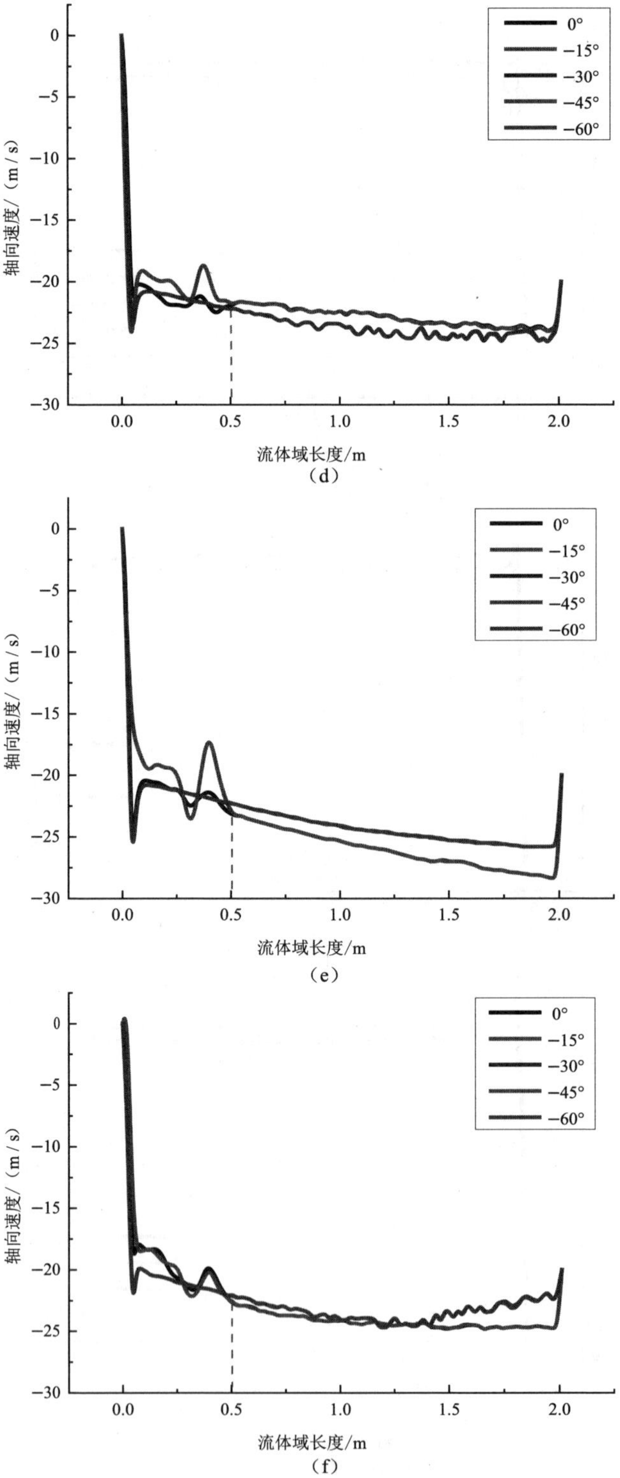


图 4-19（续）

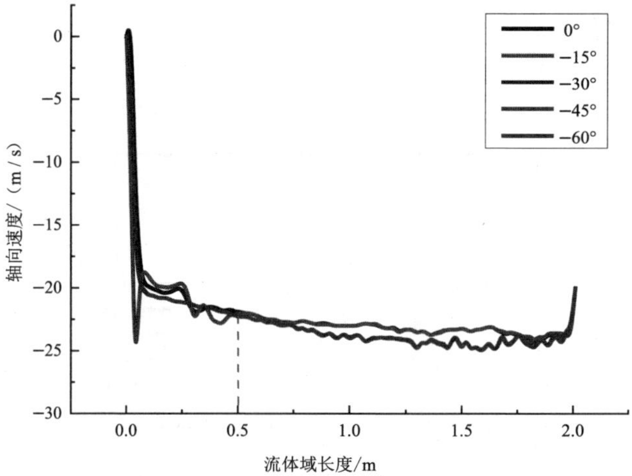

（g）

图 4-19（续）

如图 4-19 所示，负向不同倾角下，钻杆外侧气流轴向速度分布规律大致相同，钻杆内部气流轴向速度走向大致相同。不同负向倾角下与不同正向仰角下流体域内外两侧气流轴向速度变化趋势相似。钻杆尾部出现负向气体，钻杆外侧气流速度逐渐增加。由于钻孔影响，钻杆外部气流轴向速度在经过前端钻孔后出现突增且突增数值较大，之后气流轴向速度数值趋于稳定。随着监测线的位置由上至下，外侧气流轴向速度的最大值逐渐增大。正负向不同角度对外侧气流轴向速度数值影响不大。在纯气流条件下，由于负向倾角对气流黏滞力影响较小，气流能量有所损耗但损耗不大。钻杆内部区域气流轴向速度发生明显变化区域为流体域 0～0.5 m 范围内（靠近流体孔处）。钻杆内部气流轴向速度变化起伏较大，负向倾角下钻杆内侧气流轴向速度数值起伏相比于正向仰角下的较小。在 0～0.5 m 的范围内，气流形成旋流强度较低；直至流体域中后段（0.5～2 m 范围），气流轴向速度较为稳定。

如图 4-20 所示，负向不同倾角与正向不同仰角钻杆外侧气流切向速度整体变化趋势相似，但其数值变化范围相比正向角度下的较小。由于监测线位置和倾角影响，图 4-20（a）中的气流切向速度先负向升高后降低，并最终趋于平稳；图 4-20（e）中的气流切向速度则正向升高后降低，二者方向相反但数值相近。在图 4-20（g）中，监测线处于钻杆中心位置，倾角对气流切向速度影响较为明显；在 0～−15° 变化时，气流切向速度由 0 到较大负向速度后又恢复为 0，在负向倾角变化较小时，钻头流体孔对气流运动影响较为明显，气流切向速度都有所激增；当负向倾角增加到 −15° 以上时，钻头处气流切向速度变化较小。

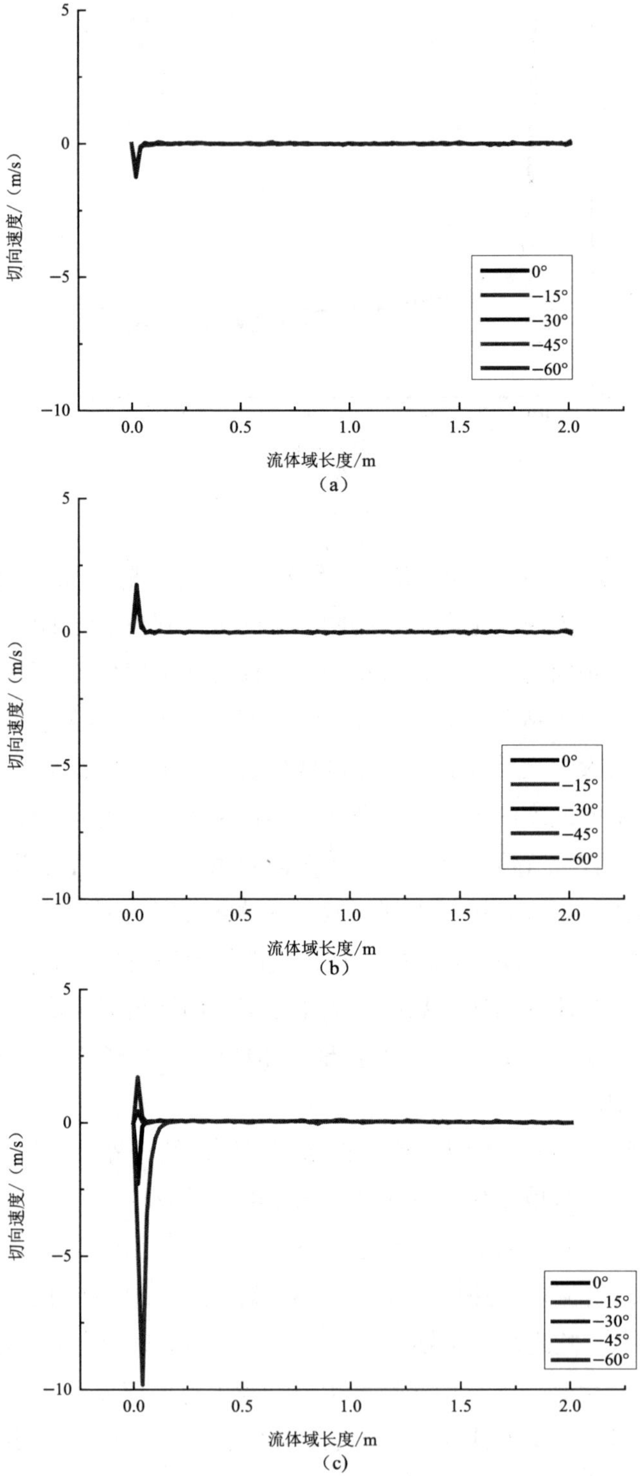


图 4-20　负向不同角度下流体域内各监测线气流切向速度

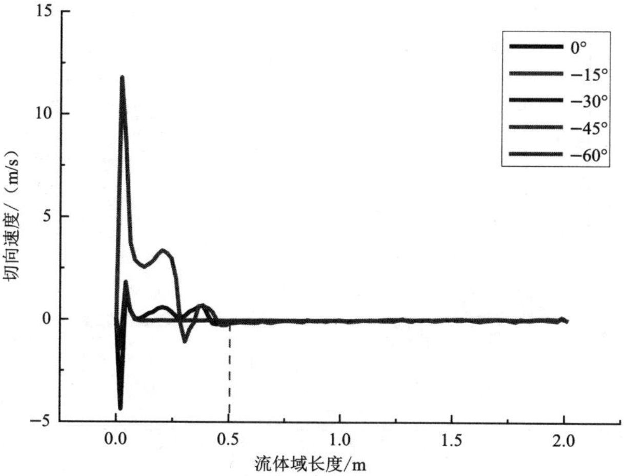
15
10
5
0
−5
切向速度/（m/s）
0.0
0.5
1.0
1.5
2.0
流体域长度/m
0°
−15°
−30°
−45°
−60°

（d）

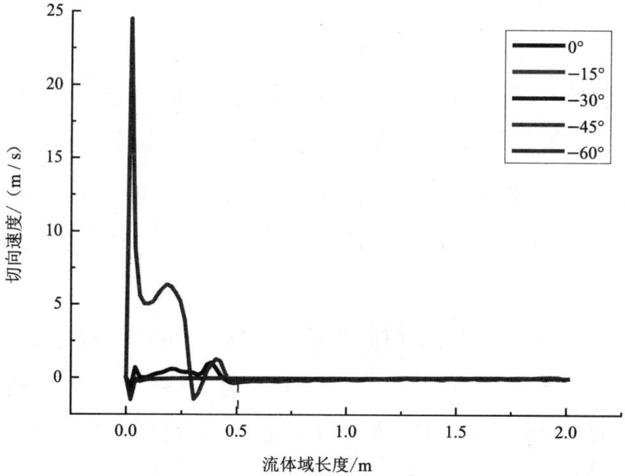
25
20
15
10
5
0
切向速度/（m/s）
0.0
0.5
1.0
1.5
2.0
流体域长度/m
0°
−15°
−30°
−45°
−60°

（e）

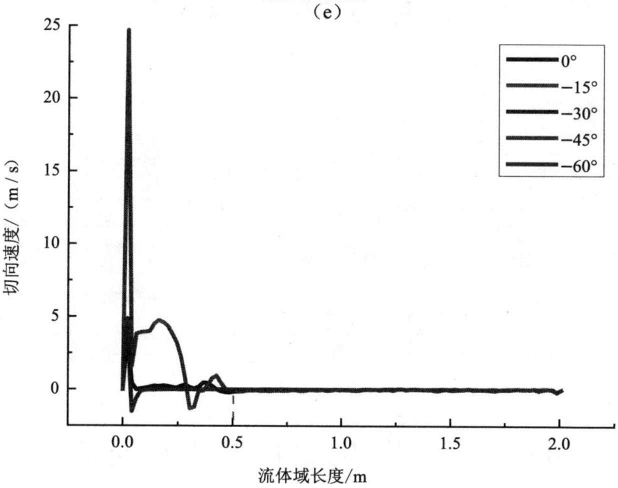
25
20
15
10
5
0
切向速度/（m/s）
0.0
0.5
1.0
1.5
2.0
流体域长度/m
0°
−15°
−30°
−45°
−60°

（f）

图 4-20（续）

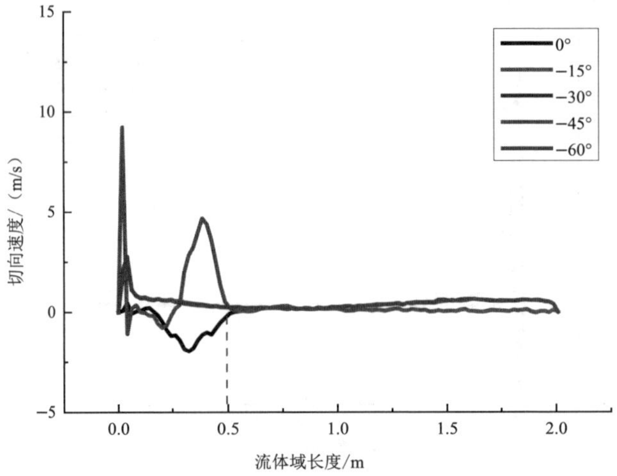


（g）

图 4-20（续）

负向不同倾角与正向不同仰角钻杆内部气流切向速度分布规律相似。由图 4-20 可得，钻杆内部气流切向速度发生明显变化区域为流体域 0～0.5 m 范围内。其中 −15° 倾角时，由于负向倾角变化较小，钻孔处气流更易出现切向速度突变。相比于正向仰角时，负向仰角时，各监测线气流切向速度变化范围主要为正值，且其数值变化范围较小。

如图 4-21 所示，随着负向倾角的增大，负向倾角对钻杆内部纯气流压力影响较小。但是在负向倾角较小时（−15°时），角度的突然变化使钻杆内部气流突然变化，负向压力增幅较大；当负向倾角再次增大时（−30°～−60°），气流更容易进入钻杆内部，与钻孔壁和流体孔摩擦变小，钻头流体孔前端压力的增幅逐渐变小。

图 4-21　负向不同倾角下流体域内压力分布

## 4.3.3 钻头流体孔处气相流动特性影响

由于转速和倾角的共同作用，钻头流体孔处气流运动较为复杂，故将流体孔中心截面处气流运动单独进行研究。

不同正向仰角对钻头流体孔处气流运动影响如图 4-22 所示。

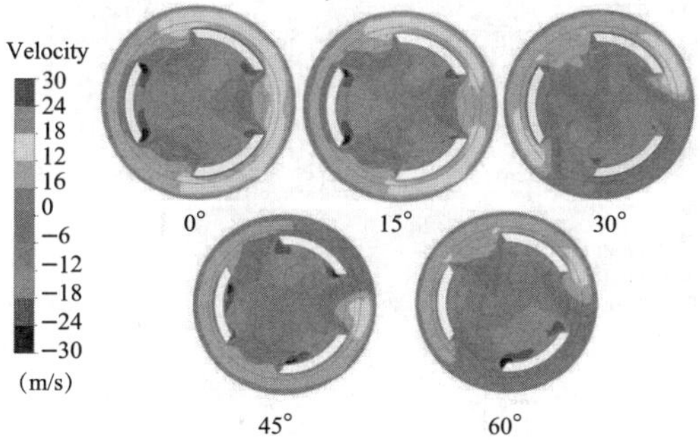


（a）轴向速度分布

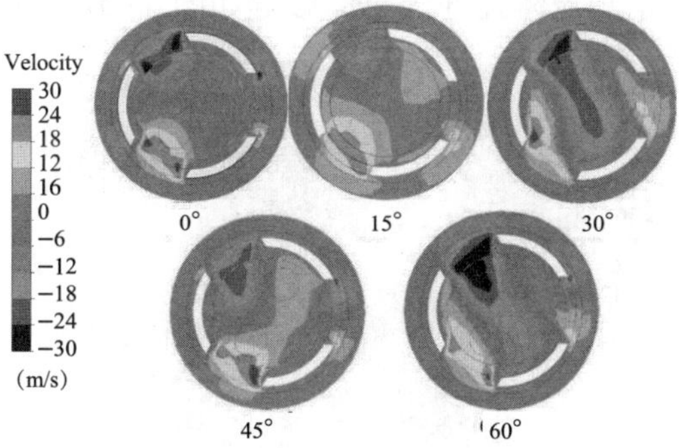


（b）切向速度分布

图 4-22 正向不同仰角下钻头流体孔处轴向和切向速度分布（$Z = 0.012$ m）

如图 4-22（a）所示，随着正向仰角不断增大，钻头流体孔处外侧流体域速度分布呈单孔周对称分布。由于仰角不断增大，气体流入钻孔更加顺畅，钻杆外部流体域轴向速度数值随仰角角度增大而减小。当气流更顺畅地进入钻杆内部时，随着仰角角度增大，钻头流体孔壁处负向速度增大，并逐渐向钻杆中心处延伸。

如图 4-22（b）所示，倾角对气流切向速度影响较大。随着正向仰角增大，流体孔处正负切向速度的数值都逐渐增大。当突然出现较小角度时（0°～15° 时），流体孔处气流正向切向速度变化较大；在 30° 和 60° 情况下流体域上部高速区范围相比与水平状态下的向钻杆中心延伸，这是由于钻杆沿轴和垂直于轴的重力分量相差较大。在 45° 仰角情况下，气流切向速度变化规律较为特殊，下方气流正向切向速度向钻杆中上部延伸，这是因为轴向和垂直于轴的重力分量一致且受钻杆转速的影响。

如图 4-23 所示，在纯气流情况下，倾角对钻头外部分气流压力影响不大。在钻头内部，随着倾角增加，负向高压区域逐渐向钻杆中心集中；并且压力数值随钻杆仰角增大而增大。钻孔流体孔壁处易出现负向高压。

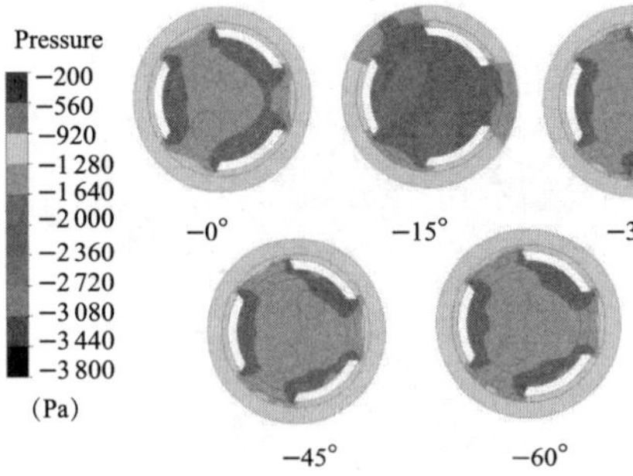


图 4-23　正向不同仰角下钻头流体孔处流体域压力

不同负向倾角对钻头流体孔处气流动影响如图 4-24 所示。

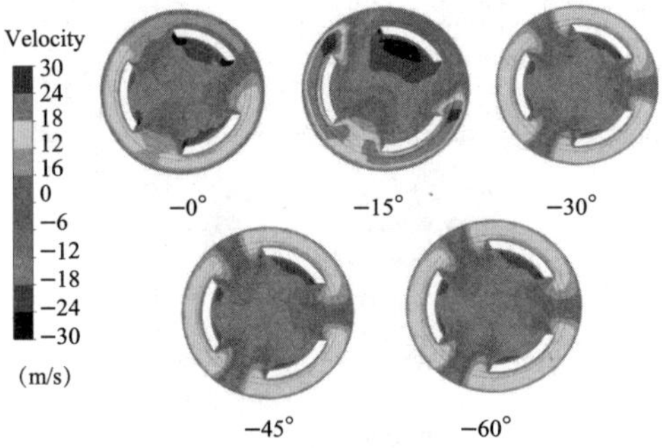


（a）轴向速度分布

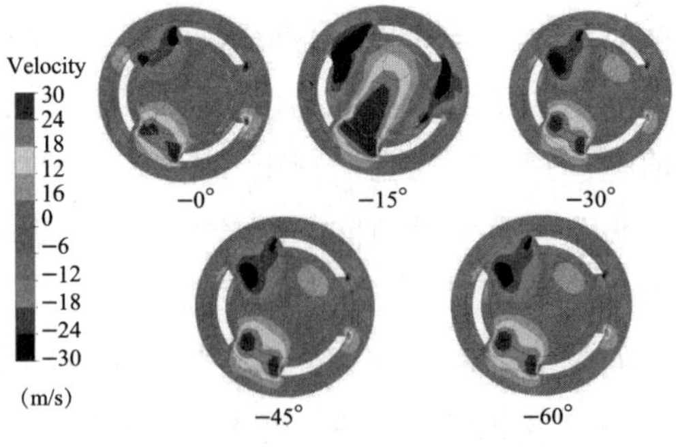


（b）切向速度分布

图 4-24　负向不同倾角钻头流体孔处流体域轴向和切向速度分布（$Z = 0.012$ m）

如图 4-24（a）所示，在负向倾角角度较小时（−15°～0° 时），由于沿轴向的气流速度分量从 0 突然增加且与垂直于杆的气流速度分量数值相差较大，外部钻头流体孔处气流轴向速度主要以下方流体孔为中心呈对称分布。随着负向角度增加，外部气流轴向速度主要以三个流体孔为中心呈对称分布，流体孔处负向高速区域逐渐减小；并且气流轴向速度数值逐渐减小。

如图 4-24（b）所示，负向倾角变化对钻头流体孔处流体域外侧气流切向速度影响较小，对流体孔内部气流速度影响较大。当负向角度从 −30° 增大至 −60°，由于沿杆和垂直于杆的重力分量数值相差不大但方向相反，对气流切向速度影响不大但下方孔气流正向速度增大，并向钻杆上方延伸。在 −15° 角度时由于重力分量相差较大，所以 −15° 角时，气流切向速度比水平状态下的增大效果明显。

如图 4-25 所示，钻孔流体孔处压力分布主要沿钻头流体孔三向对称。随着负向倾角增大，气流相对更加容易进入钻头流体孔，但由于进入钻孔时气流能量损失，气流速度有所减小。此时负向倾角对气流压力的影响较弱，故流体孔处流体域压力变化较小。

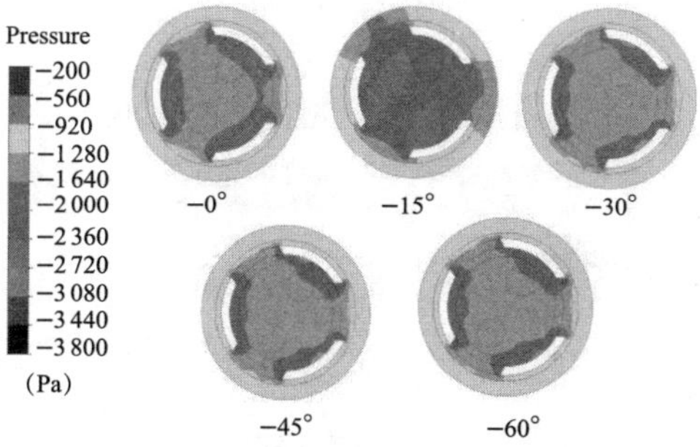


图 4-25　负向不同倾角下钻头流体孔处流体域压力

## 4.4　钻孔倾角对负压取样过程煤屑流动特性影响研究

在研究钻孔倾角对负压取样过程中气流流动影响的基础下，探寻钻孔倾角影响气流变化的机理。在实际取样过程中，气流带动钻杆内部的煤屑颗粒进行运动，其最终目的是要更加高效地取出煤屑样本。基于 Fluent-EDEM 模拟，研究不同钻孔倾角和风速对负压取样过程中煤屑-气运动过程及煤屑颗粒在取样过程中的堆积情况，进一步研究不同钻孔倾角和风速对最终煤屑颗粒质量流率的影响，对今后在实际工程中如何提高取样口处煤屑颗粒的质量流量提供理论支撑。

### 4.4.1 倾角对取样过程煤屑流动特性的影响

上文主要分析了不同倾角对负压取样过程中气流流动的影响，本节在前文基础上对负压取样过程中煤屑-气流动特性做进一步分析，这有助于理解不同倾角负压取样条件下，煤屑在进入取样钻头-钻杆内整体输送情况及煤屑在钻头流体孔的堵塞倾向性，以判断煤屑在钻杆内的真实输送能力。

#### 4.4.1.1 取样钻孔-钻头-钻杆流体域内煤屑颗粒流动特性

在确定合理的钻杆转速与气流流速后引入煤屑颗粒，继续研究不同钻孔倾角条件下钻孔-钻头-钻杆流体域内煤屑流动特性。由于不同正负向倾角对煤屑受力及运动影响较大，所以对不同正负倾角条件下流体域内煤屑流动特性进行分别研究。

钻杆转速为 100 r/min、钻杆内部风速 20 m/s 情况下，不同正向仰角时取样过程中煤屑流动分布情况如图 4-26 所示。

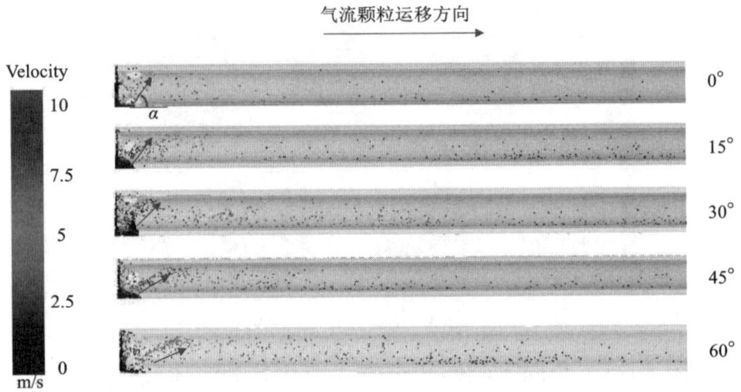


图 4-26　正向不同仰角时流体域内煤屑运动情况（2 s）

如图 4-26 所示，煤屑颗粒在钻孔底部产生；随气流带动，煤屑颗粒通过流体孔汇聚成煤屑颗粒束，并流入钻杆内部，最终在钻孔底部发生堆积。当钻杆水平即正向仰角为 0° 时，煤屑颗粒主要呈螺距较短的螺旋状进出钻杆，钻杆内部中高速颗粒较少。当钻孔倾角逐渐增加时，煤屑颗粒进入流体孔，煤屑形成的颗粒束与钻杆壁面形成一定角度。随着钻杆正向仰角增大，颗粒束与钻杆形成的夹角逐渐减小，螺旋螺距增大（即颗粒从流体孔内吸入至第一次接触管壁的距离增大），煤屑颗粒吸入数量逐渐增多，钻杆内部煤屑颗粒数量逐渐增大，钻头流体孔处煤屑颗粒速度逐渐增大。当钻杆正向仰角从 30° 增大至 60° 时，从流体孔处进入的煤屑颗粒速度逐渐增大，成为中速颗粒，并且钻杆中段高速颗粒区域逐渐扩大，流体域内煤屑颗粒数量较多。为了更直观地观察流体域内颗粒速度的分布情况，特提取煤屑颗粒的速度与数量分布进行分析，其结果如图 4–27 所示。

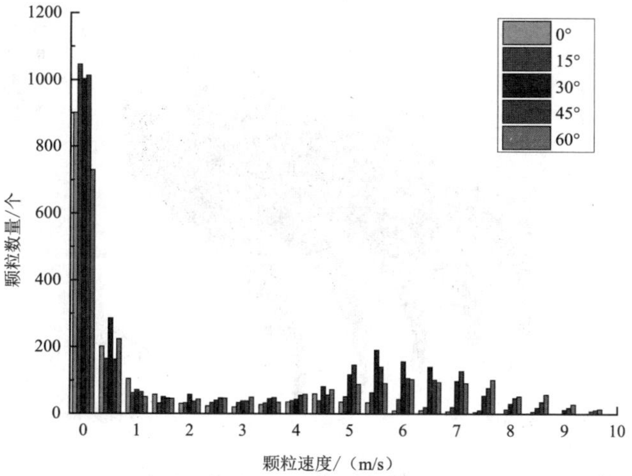


图 4–27 正向不同仰角时流体域内煤屑颗粒速度与数量分布

如图 4–27 所示，不同正向仰角时煤屑颗粒速度数量分布大致相同，除了有较多堆积的静止颗粒，中速（5～7 m/s）颗粒数量也较多，其次是低速（1～4 m/s）颗粒，高速（8～10 m/s）颗粒数量较少。在颗粒低速（0～4 m/s）情况下，随着钻杆仰角变化，低速颗粒的数量是随着钻杆正向仰角增加而减少，堆积的静止颗粒也减少，这说明正向仰角的增大有助于气流带动煤屑颗粒进入钻杆内部，减少煤屑颗粒在钻孔低端的堆积。当颗粒速度为中速时，正向仰角对中速煤屑颗粒数量影响不明显，不同正向仰角时，中速煤屑颗粒数量较为相似。在煤屑颗粒高速范围内，正向仰角对煤屑颗粒数量影响较为明显。由于钻杆正向仰角增加，钻杆内部气流轴向速度增加，并带动更多颗粒，颗粒动能增加，颗粒速度增加。高速颗粒的速度与数量随着正向仰角增加而增加。为了更好探究不同速度颗粒在流体域内的具体分布，对颗粒速度分布状况进行统计，其结果如图 4–28 所示。

由图 4–28 可得，颗粒起初在钻孔底部堆积，被负向气流带动时，颗粒动能增加，颗粒速度逐渐增加，最终颗粒速度范围逐渐稳定。在不同正向仰角时，颗粒速度都遵循这个规律。当正向仰角较小时（0～15°），在流体域中后段（1～2 m）范围内颗粒速度较为分散，颗粒速度主要在 0～5 m/s 范围内。随着正向仰角增大（30°～60° 时），在流体域中后段（1～2 m）范围内颗粒速度更加集中，颗粒速度主要集中在 5～10 m/s 范围内。随着正向仰角继续增加，气流速度不断增加，进而带动颗粒的最大速度也不断增加，高速颗粒数目也不断增加。当仰角增加到

60° 时，颗粒速度 10 m/s 以上的颗粒明显增多。

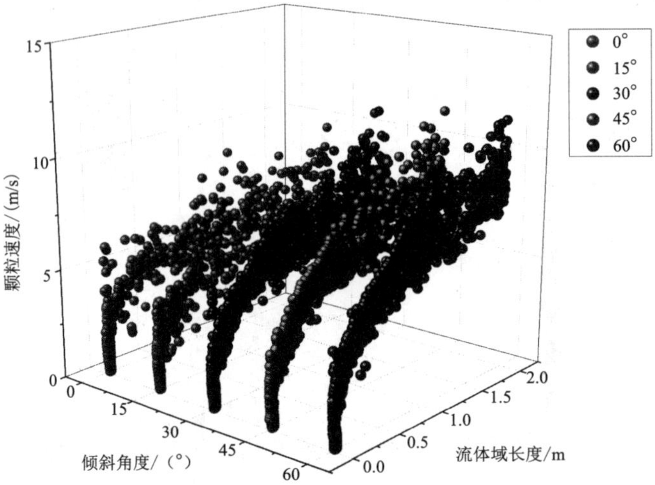


图 4-28　正向不同仰角时流体域内煤屑颗粒速度分布

不同负向倾角对取样过程中煤屑流动特性影响如图 4-29 所示。

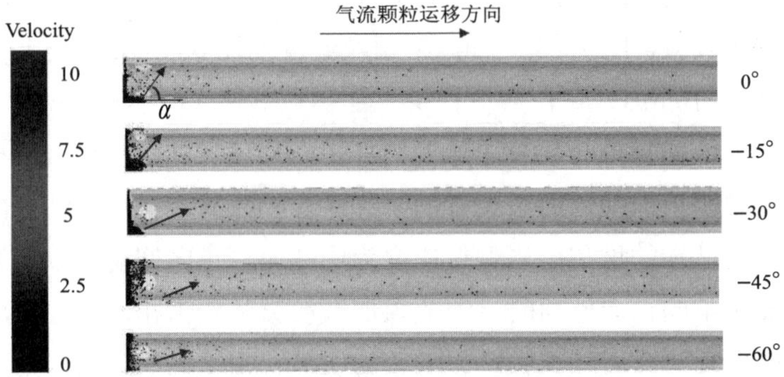


图 4-29　负向不同倾角时流体域内煤屑运动情况（2 s）

如图 4-29 所示，在负向不同倾角情况下，煤屑颗粒易在钻孔底部堆积，被气流带动经过流体孔流入钻杆内部。这些煤屑颗粒也会在钻杆底部产生堆积。由于钻杆倾角影响，煤屑颗粒汇聚形成的颗粒束在进入流体孔时与钻杆形成了夹角，这与正向仰角影响颗粒所形成的夹角相似。随着负向倾角增加，夹角逐渐变小，但变化程度较大，这是由于负向倾角影响颗粒受力的沿杆分量更大。与正向仰角影响有所不同的是，随着负向倾角逐渐增大，钻杆底部堆积的颗粒越来越多，颗粒也逐渐减少，钻杆内部的颗粒速度也减小，主要形成中低速的颗粒，且少数颗粒被气流带动在钻杆中上层悬浮运动。颗粒束进入钻杆形成的螺旋螺距更长，中速颗粒在钻杆内部的范围逐渐变大。当负向倾角增加到 60° 时，钻杆内部高速颗粒极少。

如图 4-30 所示，负向不同倾角条件下流体域内煤屑颗粒速度分布呈一定波动性，但主要呈现低速颗粒较多，高速颗粒数目较少。当钻杆内部风速不大时（<20 m/s 时），与正向仰角时相比，负向倾角时各速度颗粒数量都低于正向仰角时的。与正向仰角影响不同的是，由于负向倾角时速度分量与重力分量同方向，颗粒速度明显降低，极少数颗粒速度超过 8 m/s。在低速（1～2 m/s）颗粒范围内，钻孔倾角对颗粒速度影响较小，各速度颗粒数量较少但较为平均。在中速（3～5 m/s）颗粒范围内，随着钻杆仰角增加，颗粒速度越高，其数量越少。在同样速度下，随着负向倾角增加，倾角角度越大，颗粒数目越少。由于负向倾角 45°时沿杆和垂直杆速度分量相同，气流波动较为明显，因此中速颗粒受影响较大，其数量增多。

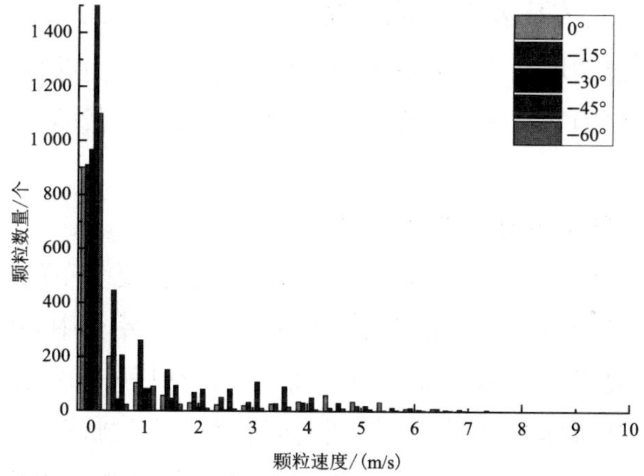


图 4-30　负向不同倾角时流体域内煤屑颗粒速度与数量分布

如图 4-31 所示，颗粒起初处于静止状态，然后沿流体域延长方向颗粒速度逐渐线性增大。但是负向不同倾角时，颗粒速度增大的线性程度低于正向不同仰角时的；负向不同倾角时颗粒平均速度低于正向不同仰角时的。随着负向倾角逐渐增加，流体域内颗粒最高速度和平均速度都逐渐降低，颗粒数量和密度逐渐降低。当颗粒通过流体孔进入钻杆内部时，同段距离上低速颗粒逐渐增多，颗粒主要堆积在钻杆底部；在同一纵向面上，颗粒分布更加分散。当负向倾角增加到 −45° 时，沿杆与垂直于杆的受力分量相同，有利于颗粒进入钻杆内部，颗粒分布相对于其他角度时更为集中，但颗粒速度还是较低。当负向倾角增加到 −60° 时，钻孔底部堆积颗粒较多，颗粒较难进入钻杆内部，流体域内颗粒速度明显降低，钻杆中段低速颗粒较多。

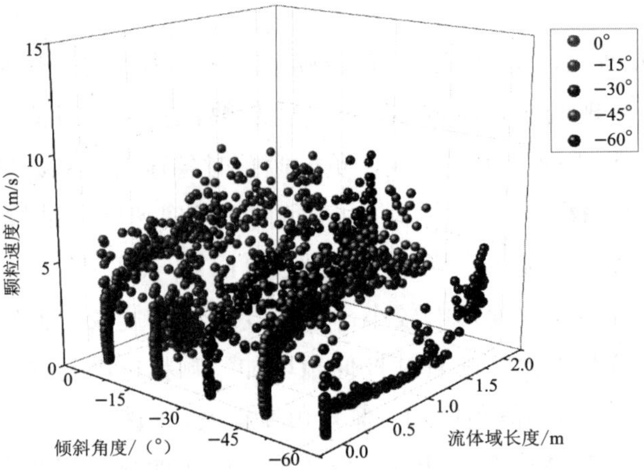


图 4–31　负向不同倾角流体域内煤屑颗粒速度分布

#### 4.4.1.2　取样钻头流体孔处颗粒流动特性

颗粒在钻孔底部的堆积状态是影响煤屑颗粒进入钻杆内部从而影响钻杆内部实际质量流量的重要因素。因此对钻孔底部和钻杆流体孔截面的颗粒堆积情况进行特别分析研究。

（1）正负向不同倾角时钻孔底部煤屑颗粒堆积情况

如图 4–32（a）所示，正向不同仰角时钻孔起初主要分布低速颗粒，这些颗粒被气流带动，其动能增加，并向钻杆中心聚集。正对钻杆中心处，主要是中高速颗粒准备进入流体孔。随着正向仰角逐渐增大，钻杆外部颗粒数目逐渐增大，且其存在范围主要从流体域底部向流体域上部扩大，颗粒状态较为松散。当正向仰角增加到 45° 之后，钻杆外部开始出现中速颗粒；钻杆中部颗粒密度逐渐增大，中高速颗粒数目也逐渐增加。当正向仰角增加到 60° 时，高速颗粒充斥了大部分钻杆内部空间。

由图 4–32（b）所示，随着负向倾角增加，钻杆底部各俯角情况下颗粒数目明显减少，颗粒速度也明显减小，钻杆外部区域颗粒堆积情况较为密实。

（2）正负向不同倾角时钻孔流体孔截面煤屑颗粒堆积情况

如图 4–33（a）所示，在流体孔位置，受气流带动，颗粒主要向钻杆中心聚集。由于正向仰角影响，颗粒由流体孔进入钻杆内部数量逐渐增多，在钻杆外部堆积的颗粒数量逐渐减少。在钻杆中心处，高速颗粒逐渐汇聚，其数量增多；中速颗粒数量逐渐减少；颗粒密度逐渐增大。

如图 4–33（b）所示，随负向倾角增大，气流虽然较易进入流体孔，但是由于颗粒承受重力和摩擦力，颗粒动能减少，所以钻杆流体孔截面颗粒总体数量明显减少，颗粒状态较为松散。随着负向倾角增加，钻杆中心颗粒速度逐渐降低，主要形成中低速颗粒。由于倾角增加和重力作用，颗粒容易堆积在钻孔底部，漂浮在钻头流体孔处的颗粒逐渐减少。颗粒也主要堆积在下方流体孔位置。

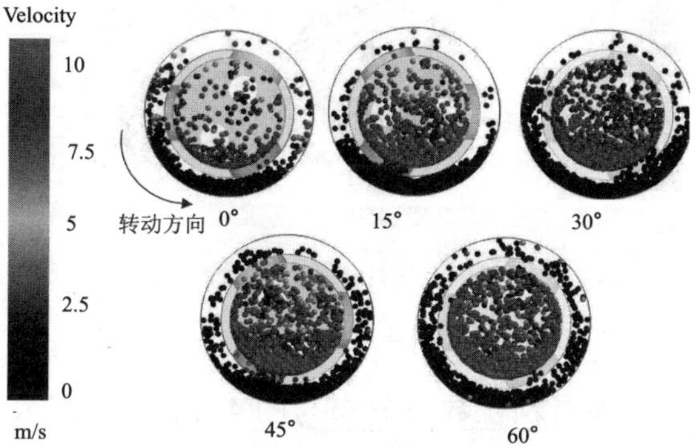


（a）正向不同仰角时底部颗粒情况

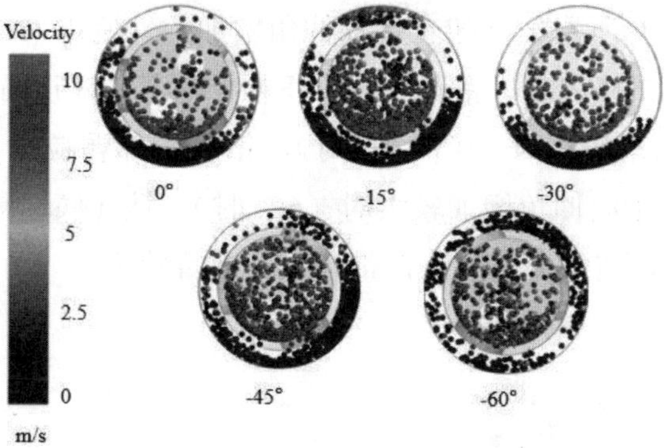


（b）负向不同倾角时底部颗粒情况

图 4-32　正负向不同倾角时钻孔底部煤屑颗粒堆积情况

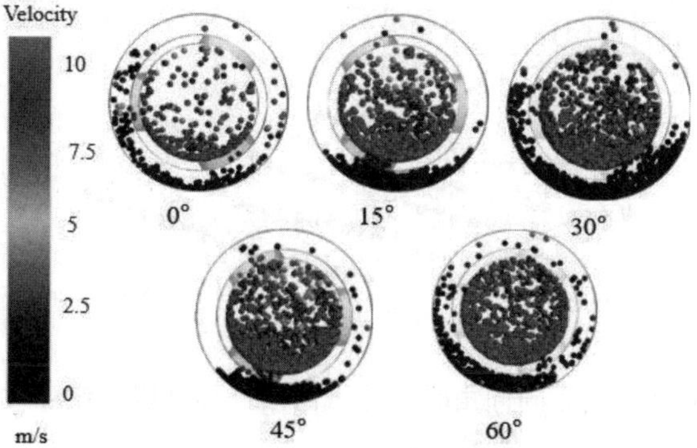


（a）正向不同仰角时流体孔截面颗粒情况

图 4-33　正负向不同倾角时钻孔流体孔截面煤屑颗粒堆积情况

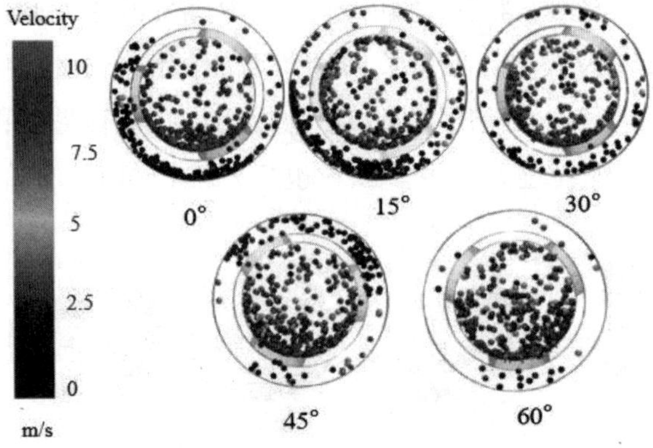


（b）负向不同倾角时流体孔截面颗粒情况

图 4-33 （续）

如图 4-34 所示，煤屑颗粒数量分布与图 4-34（a）所示的颗粒数量分布相似，都是在钻孔底部颗粒堆积且数量最多。颗粒通过流体孔进入钻杆后，钻杆内部煤屑颗粒在中段有所聚集。随着钻杆仰角增加，气流进入钻杆内部更加顺畅，带动更多颗粒进入钻杆内部。钻孔底部堆积颗粒随着钻杆正向仰角增加而逐渐减少。在钻杆正向仰角较小时（0°～30° 时），钻孔底部颗粒堆积数目有所减少但减少数目较少；当正向仰角增加较大时（60° 时），钻孔底部颗粒数目减少较多。当正向仰角增大时，空气流速较大，带动颗粒数目较多。

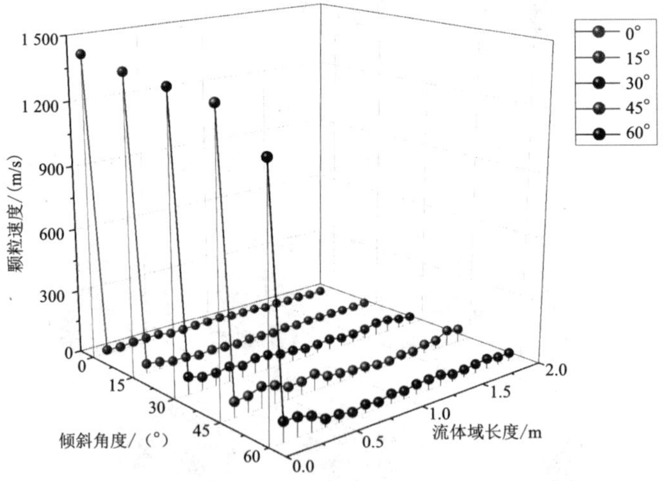


图 4-34 正向不同仰角时流体域内沿杆长度煤屑颗粒数量分布

如图 4-35 所示，在负向倾角状态下，钻孔底部颗粒数量明显多于正向仰角状态下的。随着负向倾角增加，钻孔底部颗粒数量逐渐增加。由于 −45° 时，重力方向恰好指向钻孔堆积拐角，所以钻孔底部颗粒堆积数量激增。当颗粒进入钻杆后，由于重力和摩擦力影响，气流运送颗粒受阻，颗粒拥有的动能减小，颗粒整体分布较正向仰角情况下更加均匀。

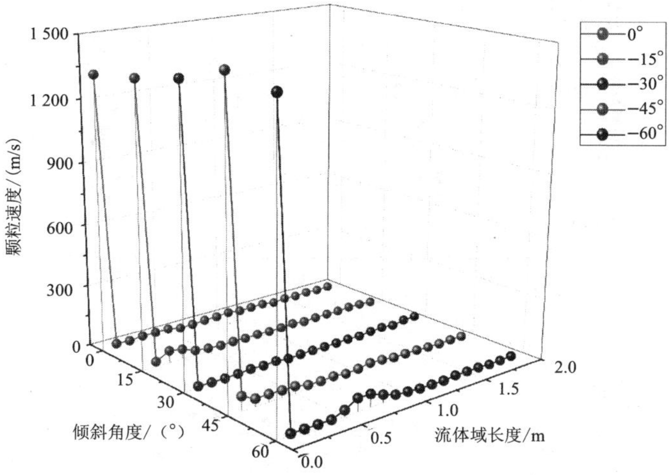


图 4-35　负向不同倾角时流体域内沿杆长度煤屑颗粒数量分布

在实际工程中，煤屑颗粒在钻杆中运动变化最终影响的是钻杆取样口的实际煤屑颗粒质量流量。在模拟试验中，取样口的实际煤屑颗粒质量流量定义为钻杆内部监测煤屑颗粒运动达到稳定时的质量流量。

如图 4-36 所示，当钻杆正向仰角增大至一定角度（30°）时，钻杆内部颗粒实际质量流量能够在相近时间内达到稳定，而在正向仰角较小时（0°～15° 时），钻杆内部颗粒实际质量流量在达到拐点后还有较大起伏，但总体起伏大小在 0.005 kg/s 以内。钻杆内部实际的颗粒质量流量随着正向仰角增加而逐渐增大，并且其达到拐点的时间逐渐增长。当正向仰角增大至 30° 以上时，钻杆内部颗粒实际质量流量已经接近颗粒产生时的给定值 0.02 kg/s。

如图 4-37 所示，相比于正向仰角情况下，负向倾角情况下钻杆内部颗粒实际质量流量整体较低，且实际质量流量随着负向倾角的增大而逐渐降低，这是重力和负向倾角的不同形成的颗粒与钻杆之间不同摩擦力的负功导致的。煤屑颗粒实际质量流量在第一次到达稳定拐点的时间随着负向倾角增大而增长，这表明在负压情况下倾角对颗粒能量损失的影响较大。当负向倾角增大到 −45° 时，相比煤屑颗粒产生的质量流量给定值 0.02 kg/s，钻杆内部的实际质量流率的均值接近 0.005 kg/s，只有给定值的 25% 左右。

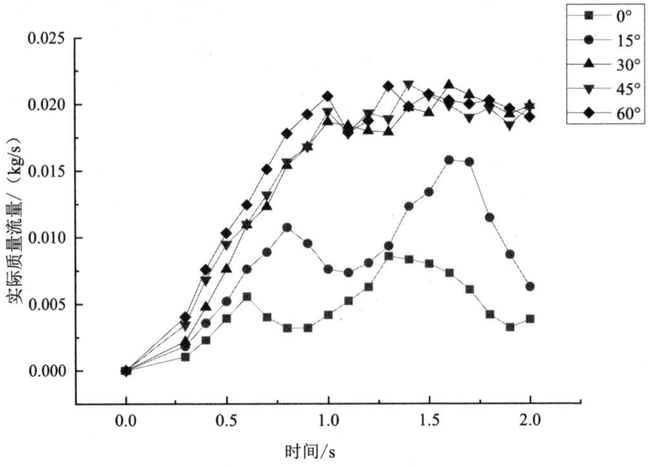


（a）

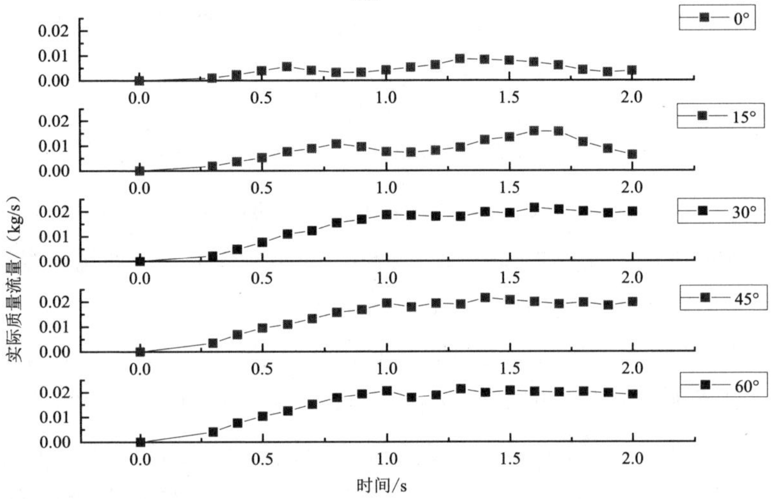


（b）

图 4-36　正向不同仰角对钻杆内部颗粒实际质量流率的影响

## 4.4.2　钻孔倾角下不同风速对煤屑流动特性影响

除了钻孔倾角对钻杆内部颗粒运动的影响外，风速对钻杆内部煤屑颗粒运动和取出率的影响不可忽视。当钻孔倾角为 ±45° 时，重力沿沿杆和垂直于杆的分量相等，颗粒运动情况更加清晰明显，钻杆内部的颗粒堆积和实际质量流率分布更加清晰。因此，选择在 ±45° 情况下研究不同风速对颗粒运动影响。由经验公式可得煤屑颗粒粒径为 2 mm 时，颗粒悬浮速度为 5.97 m/s。为了使煤屑处于悬浮状态，选择不同范围的风速为 15 m/s、20 m/s、25 m/s。

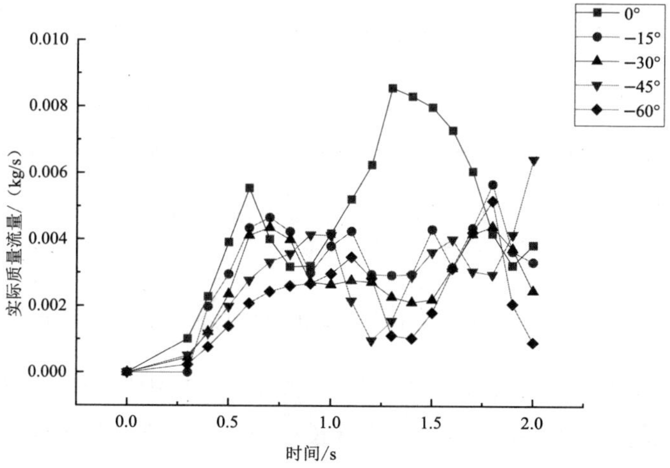


（a）

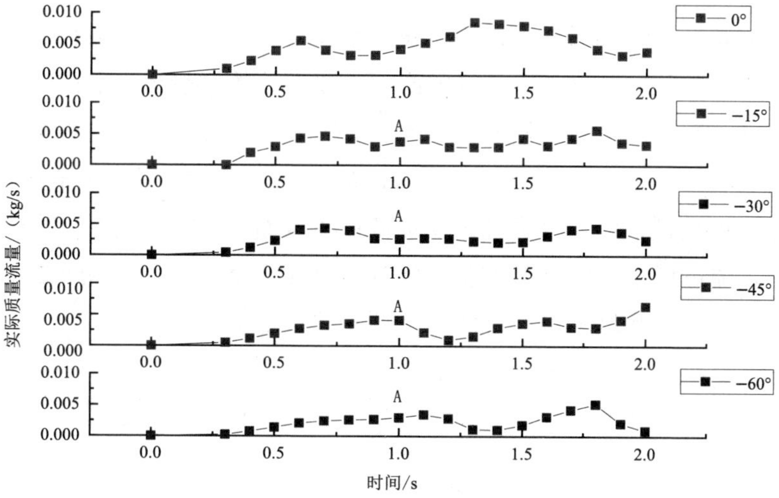


（b）

图 4-37　负向不同倾角对钻杆内部颗粒实际质量流量的影响

如图 4-38 所示，在 45° 时，颗粒主要在钻孔底部堆积，主要形成低速颗粒。和静止颗粒被风带起，颗粒动能增加，经过钻杆流体孔进入钻杆内部，颗粒动能不断增大并在钻杆中后段形成高速颗粒带。随着风速逐渐增大，钻孔底部的低速颗粒在钻孔底堆积的范围逐渐减小，低速颗粒数目逐渐减小；中速颗粒通过钻杆流体孔进入钻杆内部形成的颗粒束与钻杆壁面形成的夹角逐渐增大；高速颗粒带长度逐渐增大，在钻杆后端的高速悬浮颗粒数目逐渐增多。

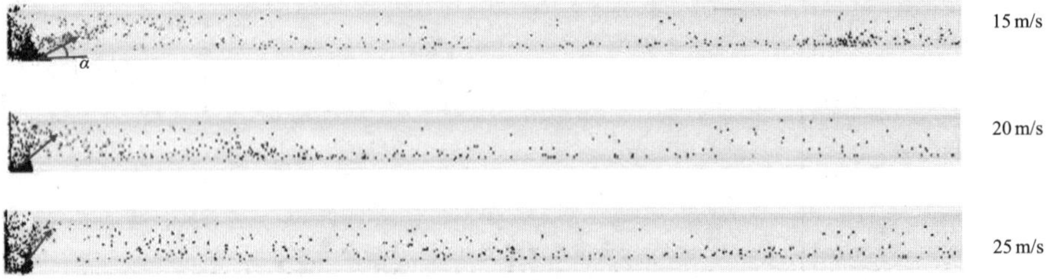


图 4-38　不同风速下流体域内煤屑颗粒运动情况（45°）

如图 4-39 所示，随着钻杆内部风速增大，钻杆中后段的高速颗粒速度逐渐增大，其数目逐渐增多；在相同流体域长度位置上，颗粒数目增多且颗粒速度范围增大。随着风速逐渐增大，在钻孔底部堆积的颗粒被负向风带动，钻孔底部堆积的煤屑颗粒逐渐减少。当风速为 15 m/s 时，在流体域中段颗粒数目起伏较大。风速较低时颗粒形成的螺旋带螺距较长导致在不同位置的颗粒数目起伏较大。随着风速增加，颗粒动能增加，钻杆内部中后段颗粒数目逐渐稳定且逐渐增加。

如图 4-40 所示，在不同风速、-45° 情况下，钻杆内部颗粒数目相对 45° 情况下的整体较少。在风速较小（15 m/s）时，流体域内部主要形成中低速颗粒，并且由于速度较低，颗粒大部分只能被低速吸取而处于悬浮状态。当风速提高到 20 m/s 时，流体域中后段出现高速颗粒但其数目较少。当风速达到 25 m/s 时，流体域内整体颗粒数目增多且后端的高速颗粒数目增幅较大。

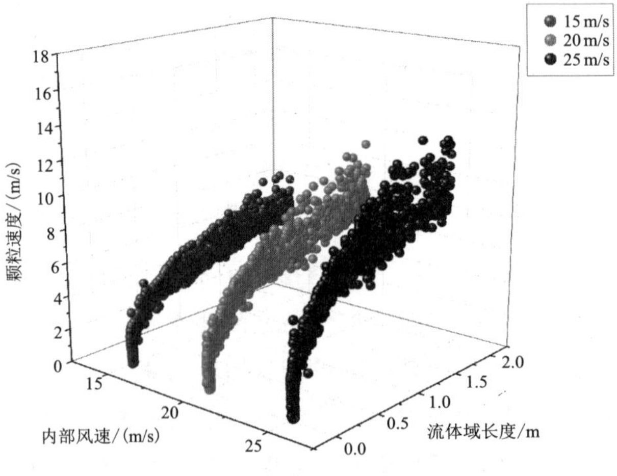


（a）

图 4-39　不同风速流体域内煤屑颗粒速度数目分布情况（45°）

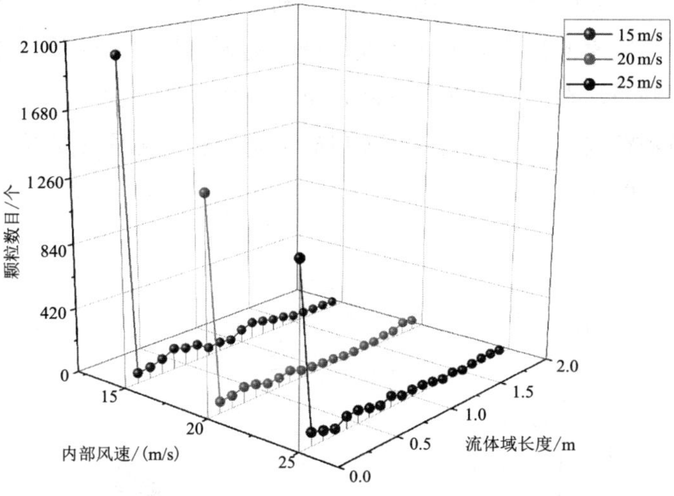


（b）

图 4-39 （续）

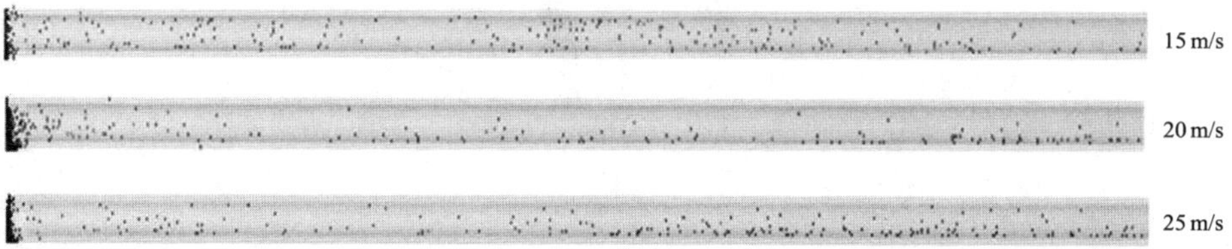


图 4-40　不同风速下流体域内煤屑颗粒运动情况（−45°）

如图 4-41 所示，不同风速下负向倾角颗粒速度整体低于 45°下的，颗粒在钻孔底部堆积数量大于 45°下的。在风速 15 m/s、−45° 情况下，颗粒速度明显较低。随着风速增大，钻杆内部颗粒速度逐渐增大，颗粒动能增加，颗粒堆积逐渐减少，颗粒速度逐渐增加，相同流体域位置处的颗粒速度范围增大，这与 45° 下颗粒变化情况大致相同。

如图 4-42 所示，在钻杆内部，颗粒的实际质量流量都是先升高后逐渐稳定。随着风速增加，± 45° 倾角下颗粒质量流量达到稳定拐点的时间节点都逐渐提前。随着风速的逐渐提高，钻杆内部颗粒实际质量流量也逐渐增大，但是正负向不同倾角对颗粒实际质量流量的数值影响更大，这主要是由于重力在正向仰角情况下做正功，在负向倾角下做负功。

在负向倾角的情况下，重力和摩擦力做负功导致颗粒能量损失较大，钻杆出口的煤屑颗粒实际质量流量普遍较低，不利于未来在工程上的实际应用，故进一步研究在不同风速下各正向不同角度钻杆内部煤屑颗粒实际质量流量。为了更好地体现不同仰角状态下煤屑颗粒实际质量流量的差距，使用煤屑颗粒取出率进行衡量。煤屑颗粒取出率定义为钻杆出口处煤屑颗粒实际质量流量与给定煤屑颗粒产生质量流量的比值。

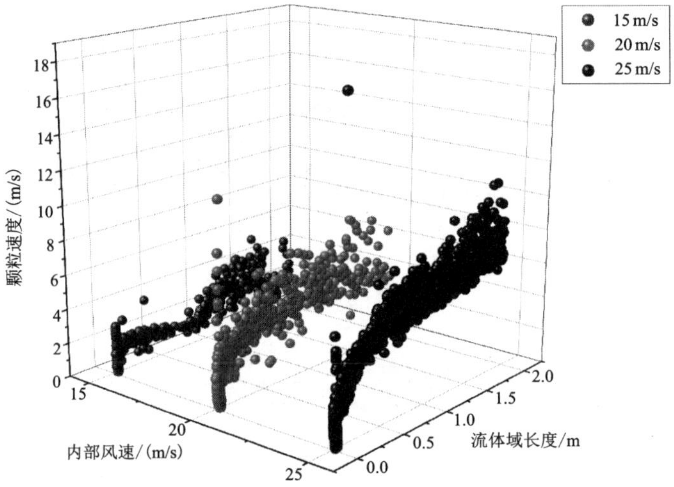


(a)

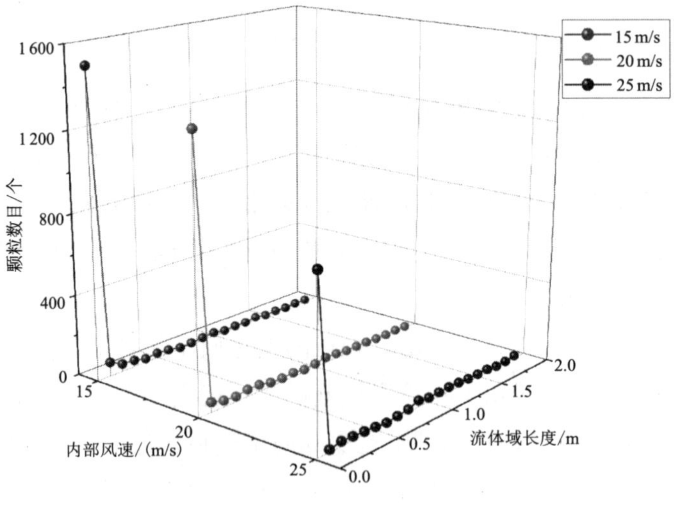


(b)

图 4-41　不同风速下流体域内煤屑颗粒与速度数目分布（-45°）

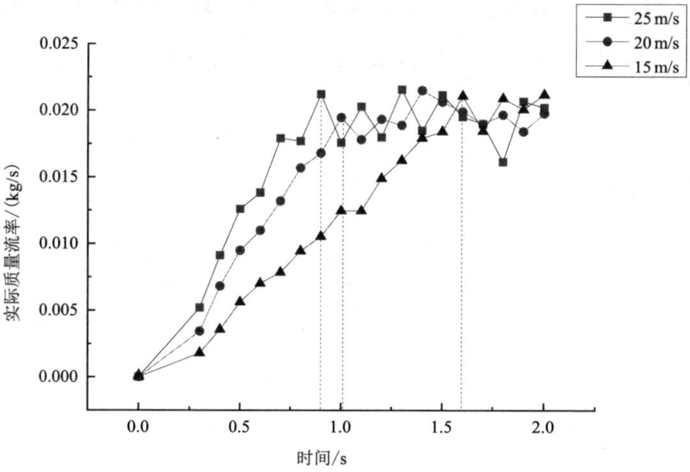


（a）45°下不同风速钻杆内实际质量流率

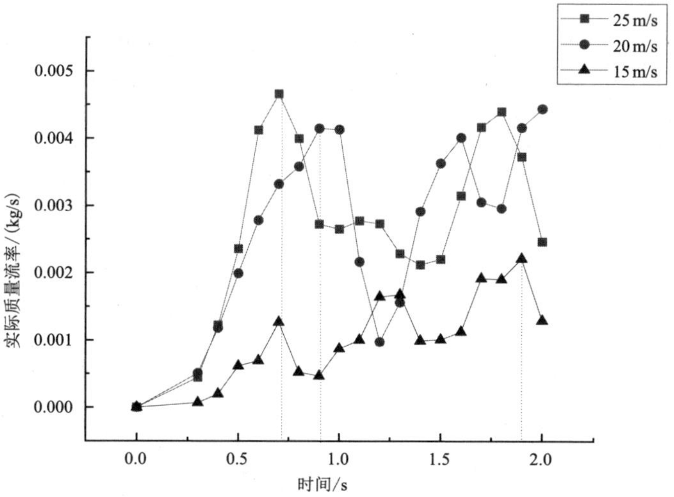


（b）−45° 下不同风速钻杆内实际质量流率

图 4-42　不同风速下钻杆内部煤屑颗粒实际质量流量（±45°）

如表 4-2 所示，在相同风速情况下，钻孔倾角对负压取样的真实煤屑颗粒取出率影响较大。钻杆内部颗粒实际质量流量随着钻孔正向仰角不断增大而增大。在 0° 到 60° 仰角条件下，煤屑颗粒取出率最大差值可达 26%。在相同仰角情况下，增大风速，颗粒取出率也随之增大但是增大幅度并不非常明显，其提升的最大幅度为 9%。因此在负压取样时，在正向仰角情况下当风速提升条件有限时，改变钻孔设计仰角更有利于煤屑颗粒取出率的提高。

表 4-2　不同风速下正向不同角度钻杆内部颗粒实际质量流率

| 风速 /（m/s） | 钻孔倾角 /（°） | 给定质量流率 /（kg/s） | 实际质量流率 / (kg/s) | 煤屑颗粒取出率 |
|---|---|---|---|---|
| 15 | 60 | 0.02 | 0.019 4 | 97% |
| | 45 | 0.02 | 0.018 3 | 91.5% |
| | 30 | 0.02 | 0.016 6 | 83% |
| | 15 | 0.02 | 0.015 9 | 79.5% |
| | 0 | 0.02 | 0.014 3 | 71.5% |
| 20 | 60 | 0.02 | 0.019 6 | 98% |
| | 45 | 0.02 | 0.018 6 | 93% |
| | 30 | 0.02 | 0.016 7 | 83.5% |
| | 15 | 0.02 | 0.016 | 80% |
| | 0 | 0.02 | 0.015 2 | 76% |
| 25 | 60 | 0.02 | 0.019 8 | 99% |
| | 45 | 0.02 | 0.018 8 | 94% |
| | 30 | 0.02 | 0.017 8 | 89% |
| | 15 | 0.02 | 0.017 2 | 86% |
| | 0 | 0.02 | 0.016 1 | 80.5% |

# 第 5 章 钻孔负压取样过程中临界取样风速研究

在负压取样过程中，取样风速是关系到取样系统可靠性和经济性的关键指标。通常存在一个能保证颗粒群保持悬浮状态、进行正常输送且能耗最小的风速，称为临界速度或经济风速。较高的取样风速虽然可以正常进行取样，但是取样系统产生的压降太高，功率消耗较大，钻杆磨损增加，颗粒破碎。较低的取样风速会导致颗粒形成栓塞流，此时取样系统压降也会急剧增加，钻杆易发生堵塞，最终导致不能顺利完成取样。因此，在取样过程中风速不能过大或者过小，存在最佳取样风速，以便进行可靠经济的取样。在实际取样过程中，由于颗粒之间及颗粒与钻杆壁之间会发生碰撞摩擦，会产生能量损失，所以取样风速应比沉积速度稍大。相关试验研究表明，一般选取颗粒沉积速度的 1.5～2.5 倍作为临界取样风速，这可以保证负压取样系统稳定可靠且能耗最小。在确定合理转速的基础上，对临界取样风速进行研究；利用 CFD-DEM 模拟得到不同固气比、粒径及转速对应的煤屑沉积速度；根据煤屑的密度、气体密度、煤屑粒径、钻杆管径、气固比、钻杆转速等参数建立适用于负压取样的煤屑临界取样风速预测模型。

## *5.1* 煤屑沉积速度初步估算

### 5.1.1 颗粒沉积速度理论模型

目前在气力输送系统设计时常借助颗粒的沉积速度来确定临界取样风速。在煤屑沉积过程中，煤屑从悬浮到沉积的运动状态的变化发生在特定的风速下。在相同的试验条件下，煤屑沉积速度存在不确定性。合理定义和确定沉积速度是后续分析的重要环节。沉积速度有如下的定义：

① 单位长度管道总压降最小的气流速度（最小压降速度）。

② 输送颗粒时不会在管道底部形成管道流和沙丘流所需的最小风速。

③ 颗粒以悬浮状态进行输送，不让颗粒逐渐沉积到管道底部（没有明显的滚动和弹跳）的最小风速。

④ 颗粒在管道底部形成管道流进行滑动输送的风速。

只要取样风速达到或高于煤屑沉积速度，煤屑可以被长距离输送。以往研究表明，煤屑在气流中的沉积速度与煤屑的密度、粒径、管径、气固比等有关。许多学者开展了一系列研究并获得许多颗粒沉积速度预测模型，但这些模型大多数基于特定的试验条件下得到的。

#### 5.1.1.1 Rizk 模型

Rizk 模型在 Barth 和 Welschof 的研究基础上引入了一个无量纲参数 $Fr_s$（弗劳德数，其定义为颗粒惯性力与重力的比值）。弗劳德数 $Fr_s$ 与沉积速度 $U_s$ 的关系为：

$$Fr_s = \frac{U_s}{\sqrt{gD}} \tag{5-1}$$

式中 $Fr_s$——沉积速度下对应的弗劳德数；

$g$——重力加速度，m/s²；

$D$——管道直径，m。

Barth 引入固气比（其定义为单位时间内颗粒与气体质量流量的比值）得到：

$$\frac{W_p}{W_g} = KFr_s^4 \tag{5-2}$$

沉积速度下的固气比为：

$$m = \frac{W_p}{W_g} = \frac{W_s}{\rho_g A U_s} \tag{5-3}$$

Welschof 引入随颗粒粒径和种类变化的参数 $n$，将其带入式（5-3）后得到：

$$m = KFr_s^n \tag{5-4}$$

Rizk 通过试验将 $K$ 与 $n$ 联系起来，得到：

$$m = \frac{1}{10^{\delta}} Fr_s^x \tag{5-5}$$

其中，

$$\delta = 1.44d_p + 1.96\ ,\quad x = 1.1d_p + 2.5$$

其中，$d_p$ 为粒径。

沉积速度 $U_s$ 为：

$$U_s = 10^{\frac{1.44d_p + 1.99}{1.1d_p + 2.5}} \cdot m^{\frac{1}{1.1d_p + 2.5 + 2.5}} g^{\frac{1}{2}} D^{\frac{1}{2}} \tag{5-6}$$

该模型适用范围：$0.731\,\text{mm} < d_p < 5.65\,\text{mm}$，$2.3 < m < 12$。

### 5.1.1.2　Matsumoto 模型

Matsumoto 预测模型基于经验公式的得出：

$$m = 1.11\left(\frac{\rho_p}{\rho_g}\right)^{0.55}\left(\frac{Fr_p}{10}\right)^{-2.3}\left(\frac{Fr_s}{10}\right)^{3} \tag{5-7}$$

式中　$\rho_p$——颗粒密度，kg/m³；

$\rho_g$——气体密度，kg/m³；

$Fr_p$——颗粒的最终速度 $v_t$（颗粒被加速到的最大速度）对应的弗劳德数，m/s。

Cabrejos 和 Klinzing 根据无量纲雷诺数和阿基米德数 $Ar$ 定义了最终速度 $v_t$，并基于阿基米德数把最终速度划分为三个区域：Stokes 区（$Ar < 32.9$）；Allen 区（$32.9 < Ar < 106\,520$）和 Newton 区（$Ar > 106\,520$）。

$$v_t = \begin{cases} \dfrac{d_p^{\,2}(\rho_p - \rho_g)}{18\mu} & \Rightarrow Re_t = \dfrac{1}{18}Ar \quad, Ar < 32.9\,(\text{Stokes区}) \\ \dfrac{0.513(\rho_p - \rho_g)^{0.71} g^{0.71} d_p^{\,1.14}}{\rho_p^{\,0.299}\mu^{0.43}} & \Rightarrow Re_t = 0.513Ar^{0.71}, \ 32.9 < Ar < 106\,520\,(\text{Allen区}) \\ \left(\dfrac{4}{3}\dfrac{d_p(\rho_p - \rho_g)g}{0.44\rho_p}\right)^{0.5} & \Rightarrow Re_t = 1.74Ar^{0.5} \quad, Ar > 106\,520\,(\text{Newton区}) \end{cases}$$

阿基米德数（浮力及惯性力的比值）可表示为：

$$\text{Ar} = \frac{\rho_g(\rho_p - \rho_g)gd_p^{\,3}}{\mu^2} \tag{5-8}$$

式中　$\mu$——空气黏度系数。

之后 Matsumoto 等又提出了双方程来改进之前的沉积速度预测模型，他们引入了临界粒径 $d^*$ 将 0.02～1.64 mm 粒径区分为大颗粒和小颗粒，$d < d^*$ 的为细颗粒，$d > d^*$ 的为粗颗粒。其具体表达式如下：

$$m = \begin{cases} 5\,056 \times 10^{30}\left(\dfrac{d_p}{D}\right)^{1.43}\left(\dfrac{Fr_s}{10}\right)^{4} & d < d^* \\ 0.373\left(\dfrac{\rho_p}{\rho_g}\right)^{1.06}\left(\dfrac{Fr_p}{10}\right)^{-3.7}\left(\dfrac{Fr_s}{10}\right)^{3.61} & d > d^* \end{cases} \tag{5-9}$$

式中　$d^*$——临界粒径。

$$d^* = 1.39D\left(\frac{\rho_p}{\rho_g}\right)^{-0.74} \tag{5-10}$$

#### 5.1.1.3　Weber 模型

Weber 基于 Barth 的研究，将颗粒按照最终速度进行了分类，得到：

$$Fr_s = \begin{cases} m^{0.25}\left(\dfrac{d_p}{D}\right)^{0.1}\left(\dfrac{8}{3}v_t + 7\right), v_t \leqslant 3\,\mathrm{m/s} \\ 15m^{0.25}\left(\dfrac{d_p}{D}\right)^{0.1}, v_t \geqslant 3\,\mathrm{m/s} \end{cases} \tag{5-11}$$

$$v_t = \begin{cases} \dfrac{d_p^{\,2}\left(\rho_p - \rho_g\right)}{18\mu} & \Rightarrow Re_t = \dfrac{1}{18}Ar \quad, Ar < 32.9\,(\text{Stokes区}) \\ \dfrac{0.513\left(\rho_p - \rho_g\right)^{0.71} g^{0.71} d_p^{\,1.14}}{\rho_p^{\,0.299}\mu^{0.43}} & \Rightarrow Re_t = 0.513Ar^{0.71}, \ 32.9 < Ar < 106\,520\,(\text{Allen区}) \\ \left(\dfrac{4}{3}\dfrac{d_p\left(\rho_p - \rho_g\right)g}{0.44\rho_p}\right)^{0.5} & \Rightarrow Re_t = 1.74Ar^{0.5} \quad, Ar > 106\,520\,(\text{Newton区}) \end{cases}$$

### 5.1.2　颗粒沉积速度理论计算

基于以上三种模型对负压取样中煤屑的沉积速度进行初步计算。煤屑和空气的模拟参数见表 5-1。

**表 5-1　煤屑与空气模拟参数**

| $d_p$/mm | $\rho_p$/(kg/m) | $\rho_g$/(kg/m$^3$) | $\mu$/(pa·s) | $g$/(m/s$^2$) | $D$/mm |
|---|---|---|---|---|---|
| 2 | 1 450 | 1.225 | $1.81\times10^{-5}$ | 9.81 | 40 |

将表 5-1 中的参数带入上述三个预测模型中，对煤屑沉积速度进行了初步估算。三种模型预测的 2 mm 煤屑的沉积速度见表 5-2。

**表 5-2　三种模型预测的颗粒沉积速度**

m/s

| 固气比 | Matsumoto | Rizk | Weber |
|---|---|---|---|
| 0.5 | 1.76 | 2.97 | 5.83 |
| 1 | 2.22 | 3.92 | 6.96 |

续表（5-2）

| 固气比 | Matsumoto | Rizk | Weber |
| --- | --- | --- | --- |
| 1.5 | 2.55 | 4.62 | 7.71 |
| 2 | 2.80 | 5.17 | 8.28 |

由表 5-2 可以看出，在三种模型中，Weber 模型预测的煤屑沉积速度远大于其他模型的，而 Matsumoto 模型预测的煤屑沉积速度最小。三种模型预测的煤屑沉积速度随煤屑质量流量增加变化的趋势相同，但三种模型表现的敏感性不同，其中 Rizk 模型得到的煤屑沉积速度变化幅度最小，其他两个模型计算得到的煤屑沉积速度的变化趋势大致相同，但与计算得到的煤屑沉积速度差别较大。三种模型计算的煤屑沉积速度存在明显的差别，其模型的适用性尚不明确，只是初步估算了煤屑沉积速度的大致范围，为数值模拟提供了大概的模拟条件。

## 5.2 煤屑沉积速度影响因素分析

### 5.2.1 煤屑沉积速度的确定

通过逐渐降低风速，直到观察到水平管道出现管底流就可以确定颗粒沉积速度。在进行颗粒气力输送时，风速存在一个临界值；以低于临界值的风速输送颗粒时，颗粒输送长度是有限的；以高于临界值的风速输送颗粒时，可以无限长度输送颗粒。将风速与试验测得的颗粒输送长度建立函数曲线，由此可以确定颗粒沉积速度。

气体速度与颗粒输送长度的函数曲线，如图 5-1 所示。存在一个临界风速将颗粒输送长度分为两个区域。在第一个区域，风速低于临界风速，颗粒输送长度是有限的；在第二个区域，风速高于临界风速，颗粒输送长度是无限的。这个临界风速就是颗粒沉积速度。试验时，将测得的数据通过拟合（$x$ 轴代表风速，$y$ 轴代表颗粒输送长度），然后垂直于 $x$ 轴做一条与拟合曲线相切的直线，直线与 $x$ 轴的交点就为颗粒沉积速度。按照上述方法确定颗粒沉积速度不受钻杆长度的影响，这减少了试验步骤和降低了试验成本。

由上述分析可知，若要确定煤屑沉积速度首先要得到煤屑输送长度。煤屑输送长度（如图 5-2 所示）可分为三部分。第一部分为水平长度 $L_1$，即煤屑在钻杆中沿水平方向悬浮输送，第一次到钻杆底部的距离；第二部分为回弹长度 $L_2$，即煤屑到达钻杆底部后，沿着钻杆底部多次反弹的距离；第三部分为滑动长度 $L_3$，即煤屑沿着钻杆底部滚动或滑动的距离。三部分相加就可以确定煤屑输送长度。

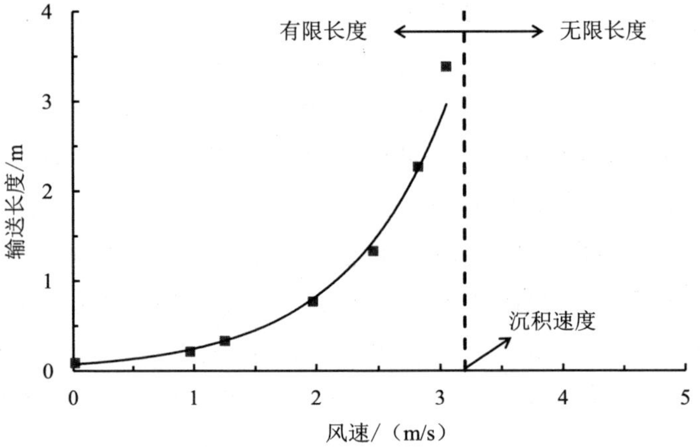


图 5-1　风速与颗粒输送长度的函数曲线

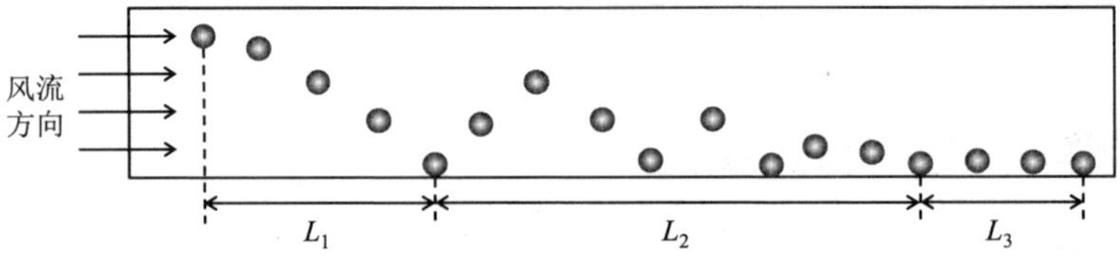


图 5-2　煤屑输送长度示意图

按照第 3 章的模拟条件，对相同煤屑进行不同风速下的沉积速度模拟试验，回归得到颗粒输送长度和风速的关系曲线，取颗粒输送长度的极限值所对应的风速作为煤屑沉积速度。取样时，不同气流速度下 3 mm 煤屑沉积过程，如图 5-3 所示。

图 5-3 显示了 3 mm 煤屑在气体作用下从悬浮到逐渐沉积到钻杆底部，到在钻杆底部开始滑动的过程。由图 5-3 可知，在低风速（3.41 m/s 和 3.85 m/s）下，在煤屑沉积过程中只有少数的煤屑悬浮，大多数煤屑直接沉积到钻杆底部形成管底流，进行滑动输送；在高风速（4.13 m/s 和 4.36 m/s）下，煤屑悬浮输送一定距离后开始沉积，之后进行管底流滑动输送。当风速保持一定时，煤屑的沉积过程受煤屑-煤屑、煤屑-钻杆壁的摩擦力，煤屑的沉积状态，钻杆转动，气流受煤屑堆积扰动而形成的湍流等的影响，煤屑在沉积过程具有不确定性。在确定煤屑沉积速度时，在完全相同的模拟条件下，煤屑沉积速度模拟结果并不完全相同，具有随机性。因此，需要进行多次重复试验。在模拟过程中，每组模拟试验重复

3 次，并观察模拟结果的差异性。若模拟结果差异较大，则除去差异较大的结果，求取另两组模拟结果的平均值；若 3 组模拟结果差异不大，直接求取 3 组模拟结果的平均值。

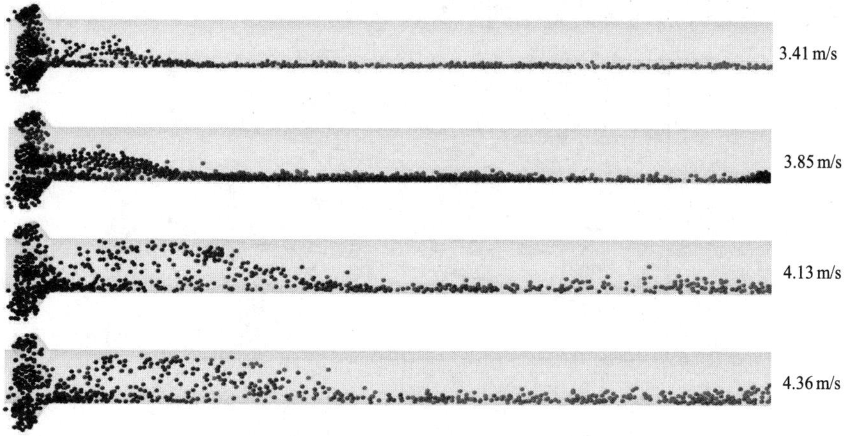


图 5-3　不同气流速度下 3 mm 煤屑沉积过程

通过模拟试验和回归分析得到了 1～4 mm 煤屑沉积速度，如图 5-4 所示。由图 5-4 可知，1～4 mm 的煤屑的沉积速度分别为 3.67 m/s、4.22 m/s、5.19 m/s 和 6.72 m/s。在图 5-4 中散点和相应颜色的曲线为各煤屑的模拟结果和拟合曲线。在相同距离钻杆内输送不同粒径煤屑时，大粒径煤屑的初始动能和恢复系数大于小粒径煤屑的，需要更高的风速。随着煤屑粒径增大，煤屑沉积速度相应增大，但其增大趋势并非呈线性。

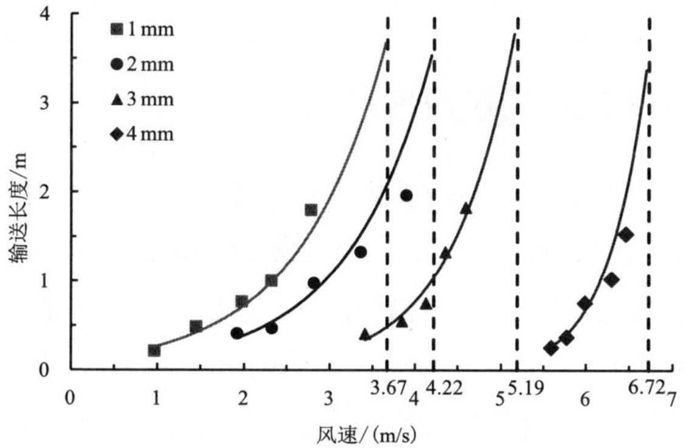


图 5-4　1～4 mm 煤屑沉积速度

有关研究表明：固气比和粒径是影响颗粒沉积速度的主要因素。在负压取样过程中，转速的影响也不能忽略。根据初步估算的颗粒沉积速度，对负压取样煤屑沉积速度进行模拟分析，研究固气比、粒径、钻杆转速对煤屑沉积速度的影响。

### 5.2.2 固气比对煤屑沉积速度的影响

固气比对煤屑沉积速度的影响如图 5-5 所示。

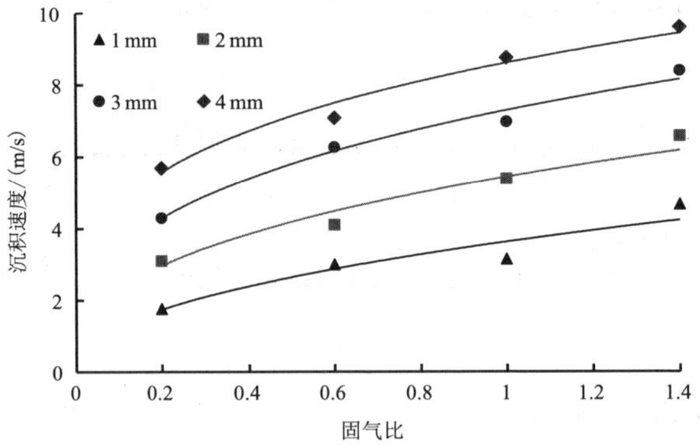


图 5-5 固气比对煤屑沉积速度的影响

由图 5-5 可知，随着固气比增加，煤屑沉积速度增加，并逐渐趋于定值，即固气比与煤屑沉积速度呈正相关关系。不同粒径时，煤屑沉积速度变化趋势相同。在一定风速下，煤屑质量流量增加，钻杆内的煤屑数量也随之增加，煤屑沉积速度增大。在一定风速下，煤屑质量流量增加，导致煤屑间的接触碰撞的概率大大增加，煤屑接触引起钻杆内煤屑混合不均匀，更多的煤屑沉积到钻杆底部，沉积在钻杆底部的煤屑内部空隙率减小、煤屑堆积更加密实。当固气比增加到一定值时，煤屑沉积速度逐渐趋于稳定。

### 5.2.3 煤屑粒径对煤屑沉积速度的影响

煤屑粒径对煤屑沉积速度的影响如图 5-6 所示。

由图 5-6 可知，在相同固气比下，粒径较大的煤屑沉积速度较大。粒径较大的煤屑在钻杆中受到的阻力大于粒径较小的煤屑的。大粒径的煤屑容易在钻杆底部沉积。取样时煤屑沉积层以沙丘流进行流动，大粒径煤屑阻力较大，流动稳定性较差、容易发生滞留、不利于快速通过钻杆。因此需要更多的能量来进行大粒径煤屑悬浮输送。当固气比为 0.3、0.5 和 0.7 时，煤屑沉积速度变化规律基本相同。当煤屑粒径为 1 mm 时，固气比为 0.5 的煤屑沉积速度大于固气比为 0.7 的煤屑沉积速度。通过试验发现，在管径为 26 mm 条件下，平均粒径为 200 μm 时，颗粒沉积速度最小。有关学者通过研究发现，玻璃珠的最小沉积速度的临界粒径为70 μm左右。据上述分析可知，在相同固气比下，存在临界粒径使得煤屑沉积速度最小。在临界粒径范围以内，煤屑粒径增加，煤屑沉积速度减小；在临界范围以外，煤屑粒径增加，煤屑沉积速度增大。粒径极小的颗粒在管道底部沉积并形成一层颗粒。这些颗粒尺寸极小，气流曳力的作用大于颗粒自身的重力使得颗粒能量消耗较小，颗粒保持稀相悬浮输送状态，导致颗粒沉积速度较大。有些学者研究表明：粒径是决定颗粒能量消耗的主要因素。而在本研究中，没有出现上述的变化规律，只有在1 mm时煤屑速度变化出现差异。有关学者所定义的临界粒径在微米级，本研究的煤屑粒径远大于微米级临界粒径。临界粒径对应的最小煤屑沉积速度需要对小于1 mm的煤屑进行研究。

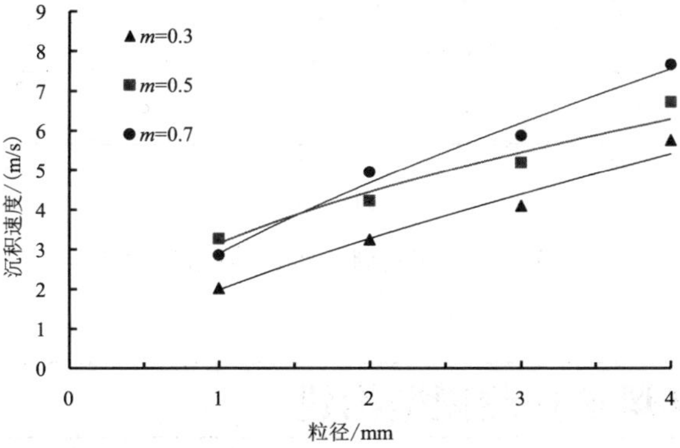


图 5-6　煤屑粒径对煤屑沉积速度的影响

## 5.2.4　钻杆转速对颗粒沉积速度的影响

有关研究表明，管道旋转对水平两相流的流态影响显著。管道旋转时，气体是典型的湍流运动。管道旋转对气体的主要影响为管道壁面对气体速度的阻碍，从管道壁面到钻杆中心处，阻碍逐渐减少。随着转速增加，旋转中的气体逐渐稳定为层流，可以使流体从湍流逐渐回归到层流，这种现象称为“层流化”。学者们研究转速对气相的影响较多，而研究转速对固相的影响较少。以下分析负压取样过程中转速对煤屑沉积速度的影响。

转速对煤屑沉积速度的影响如图5-7所示。

由图5-7可知，转速与煤屑沉积速度呈负相关关系，即随着转速增加，煤屑沉积速度逐渐降低。不同粒径的煤屑沉积速度的变化规律相同。以往研究表明，转速增加，气体速度增加。当钻杆旋转时，钻杆中心气体速度增加，钻杆附壁附近气体速度减少；由于离心力的作用，气体速度的分布逐渐接近泊肃叶分布。随着转速增加，由管道引起的气相摩擦系数减小。转速增加可以很明显减少湍流运动中的气体阻力。当转速增加时，气体径向速度增加，气体作用在颗粒的上径向曳力增加，颗粒与颗粒之间、颗粒与钻杆壁面的碰撞次数增加，煤屑螺旋运动距离增长，停留在钻杆内的时间增加，进而使煤屑的动能损失大于气体增加的动能，煤屑沉积速度减少。

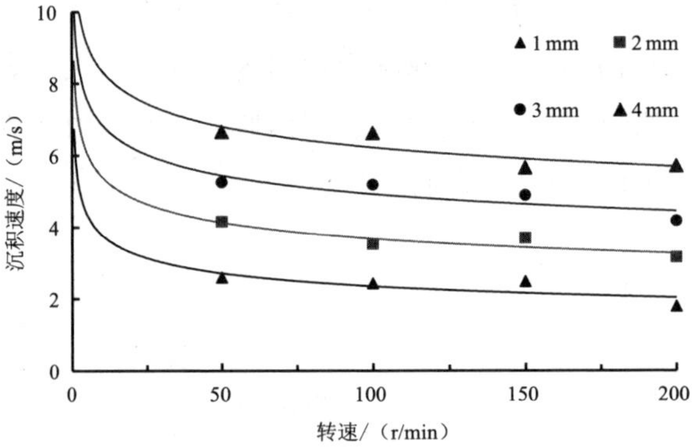


图 5-7　转速对煤屑沉积速度的影响

## 5.3　临界取样风速预测模型构建

### 5.3.1　煤屑沉积速度预测模型确定

量纲分析法是目前最常用的分析物理问题的方法，可以建立自变量和因变量的关于幂的乘积的关系式。Π 原理是量纲分析的核心理论。量纲分析的基本步骤如下所述。

研究一个物理问题时，如果有 $n$ 个自变量 $a_1$、$a_2$、…、$a_n$，因变量 $a$ 就是 $n$ 个自变量的函数：

$$a = f\left(a_1,\ a_2,\ \cdots,\ a_n\right) \tag{5-12}$$

在以上自变量中找出具有独立量纲的量，如果独立量纲的量的个数为 $k$ 个，那么 $a_1$、$a_2$、…、$a_n$ 就是基本量，基本量的量纲分别为 $A_1$、$A_2$、…、$A_n$，其余 $n-k$ 个自变量 $a_{k+1}$、$a_{k+2}$、…、$a_n$ 为导出量。导出量可表示为基本量纲的量纲幂次式：

$$[a_{k+1}] = A_1^{p_1} A_2^{p_1} \cdots A_k^{p_k}$$
$$[a_{k+2}] = A_1^{p_1} A_2^{p_1} \cdots A_k^{p_k}$$
$$\cdots\cdots$$
$$[a_n] = A_1^{r_1} A_2^{r_1} \cdots A_k^{r_k} \tag{5-13}$$

因变量 $a$ 的量纲也可表示为：

$$[a] = A_1^{m_1} A_2^{m_2} \cdots A_k^{m_k}$$

式中，$p_1, \cdots, p_k$；$r_1, \cdots, r_k$；$m_1, \cdots, m_k$ 为相应的幂值。

采用量纲分析法建立负压取样过程中煤屑沉积速度预测模型。煤屑的沉积速度与煤屑密度（$\rho_p$）、气体密度（$\rho_g$）、粒径（$d_p$）、管径（$D$）、气固比（$m$）、转速（$n$）等因素有关。

采用 Π 定理进行量纲分析得到以下 $\pi$ 项：

$$\pi_1 = \frac{U_s}{\sqrt{gD}} = Fr_s;\quad \pi_2 = m;\quad \pi_3 = d_p;\quad \pi_4 = n;\quad \pi_5 = \frac{\rho_p}{\rho_g}$$

$Fr_s$ 可写成幂指数的形式：

$$Fr_s = K(m)^a (d_p)^b (n)^c \left(\frac{\rho_p}{\rho_g}\right)^d \tag{5-14}$$

式中，$K$、$a$、$b$、$c$、$d$ 为待定系数和指数。

求解式（5-14）时，分别对等式两边取对数得到：

$$\lg(Fr_s) = \lg(K) + a\lg(m) + b\lg(d_p) + c\lg(n) + d\lg\left(\frac{\rho_p}{\rho_g}\right) \tag{5-15}$$

根据式（5-15），对模拟数据进行多变量非线性拟合以确定待定系数。使用模拟数据计算求解待定系数和指数。其中 $\rho_p / \rho_g$ 为经验函数，采用 Herbreteau 的试验数据。根据所用数据数量，可以写成如下方程组：

$$\begin{pmatrix} \lg Fr_{s1} \\ \lg Fr_{s2} \\ \vdots \\ \lg Fr_{s4} \end{pmatrix} = \begin{bmatrix} 1 & \lg d_{p1} & \lg n_1 & \lg(\rho_{p1}/\rho_{g1}) \\ 1 & \lg d_{p2} & \lg n_2 & \lg(\rho_{p2}/\rho_{g2}) \\ \vdots & \vdots & \vdots & \vdots \\ 1 & \lg d_{p4} & \lg n_4 & \lg(\rho_{p4}/\rho_{g4}) \end{bmatrix} \begin{pmatrix} \lg K \\ a \\ b \\ c \end{pmatrix} \tag{5-16}$$

基于最小二乘法拟合多项式进行回归拟合。首先对待定系数进行初始估计，基于初始参数值计算最小残差平方和（SSE）值。第二次迭代对涉及的参数值做少量更改并重新计算 SSE 值。该过程重复多次直到 SSE 值最小，最终得到最佳参数值。

求得 SSE 值计算过程如下：

设 $y = f\left(x_1, x_2, \cdots, x_n\right)$

则

$$\mathrm{SSE} = \sum_{1}^{n}\left(y - y_{\mathrm{fit}}\right)^2 \tag{5-17}$$

求取回归方程的拟合优度 $R^2$（取值范围 0～1）。$R^2$ 表示因变量与所有自变量之间的方差比，其公式为：

$$R^2 = \frac{\sum\left(y - y_{\mathrm{ave}}\right)^2}{\sum y^2 - \dfrac{\sum y^2}{N}} \tag{5-18}$$

经回归分析计算得到待定系数为：

$$K = 23.985\,,\quad a = 0.373\,,\quad b = 0.695\,,\quad c = -0.149\,,\quad d = 0.550$$

因此，负压取样煤屑沉积速度预测模型为：

$$Fr_{\mathrm{s}} = 23.985\left(m\right)^{0.373}\left(d_{\mathrm{p}}\right)^{0.695}\left(n\right)^{-0.149}\left(\frac{\rho_{\mathrm{p}}}{\rho_{\mathrm{g}}}\right)^{0.550} \tag{5-19}$$

该模型适用范围为：

$$1\ \mathrm{mm} < d_{\mathrm{p}} < 4\ \mathrm{mm}\,,\quad 0.1 < m < 2.0\,,\quad 50\ \mathrm{r/min} < n < 200\ \mathrm{r/min}$$

### 5.3.2 煤屑沉积速度预测模型验证

为了验证新模型的适用性，将新预测模型与三种模型模拟计算得到的煤屑沉积速度和 Herbreteau 试验测得的煤屑沉积速度进行对比。不同粒径下煤屑沉积速度随煤屑质量流量的变化规律如图 5-8 所示。

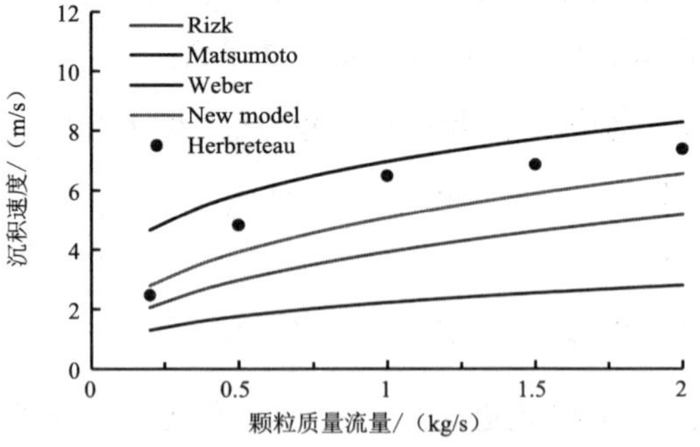


（a）1 mm

图 5-8　不同粒径下煤屑沉积速度随煤屑质量流量的变化规律

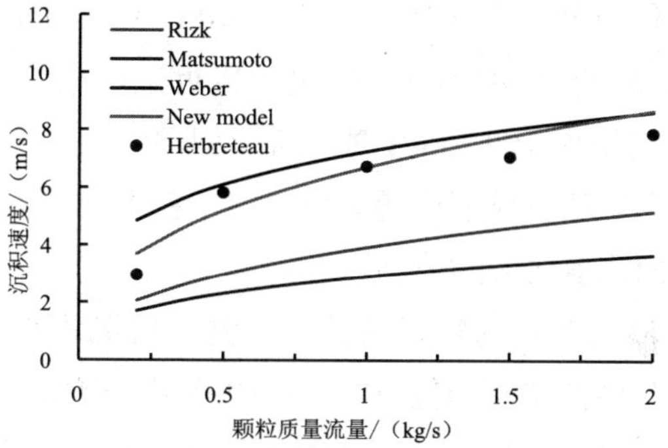


（b）2 mm

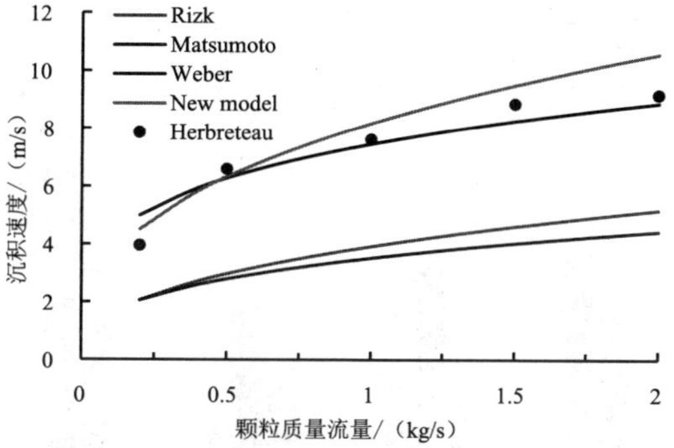


（c）3 mm

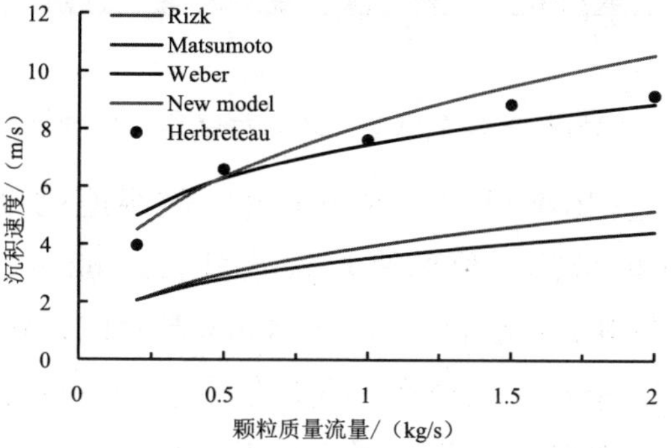


（d）4 mm

图 5-8（续）

由图 5-8 可以看出，新模型预测的煤屑沉积速度介于三种模型预测的煤屑沉积速度之间。1 mm 煤屑沉积速度与 Rizk 模型预测的煤屑沉积速度和试验结果比较接近；2～4 mm 煤屑沉积速度与 Weber 模型预测的煤屑沉积速度和试验结果差别不大。Rizk 模型和 Matsumoto 模型预测的煤屑沉积速度与试验结果差别较大；在不同质量流量下，这两种模型的大粒径与小粒径的煤屑沉积速度变化较小，表明这两个模型的适用性较差。新模型和 Weber 模型预测的煤屑沉积速度比较接近试验结果，说明这两种模型的适用性较好。在 1 mm 和 2 mm 粒径时，新模型预测的煤屑沉积速度比 Weber 模型的低，但更加接近试验结果；在 3 mm 和 4 mm 粒径时、在煤屑质量流量小于 0.5 kg/s 时，新模型预测的煤屑沉积速度比 Weber 模型的更准确、更可靠。随着煤屑质量流量增加，新模型预测的煤屑沉积速度的准确性降低。新模型预测值比实测值高。

新模型和 Weber 模型在不同粒径条件下预测煤屑沉积速度的适用性差别较大，无法直观比较这两种模型预测值与实测值的差别。因此需要进一步对模型预测值与实测值的误差做进一步分析以验证新模型的适用性。不同粒径下各个模型预测值与试验结果的平均误差如图 5-9 所示。

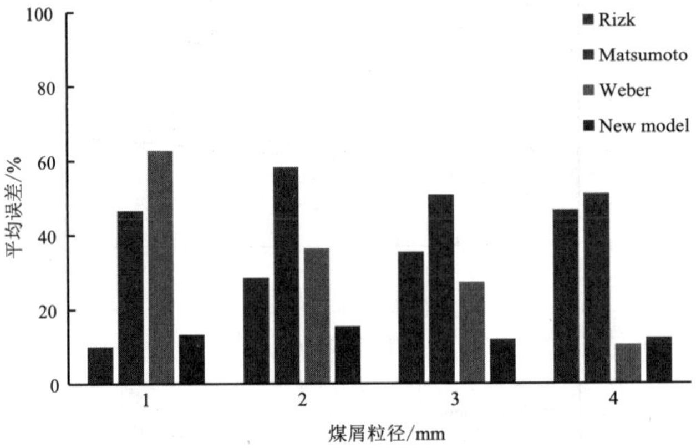


图 5-9　不同粒径下各个模型预测值与试验结果的平均误差

由图 5-9 可知，① Rizk 模型与 Weber 模型预测值的平均误差较大。在 1 mm 粒径时，Weber 模型预测值的平均误差最大达 62.7%；随着粒径增大，Weber 模型预测值的平均误差逐渐减小；在 4 mm 粒径时，Weber 模型预测值的平均误差最小为 10.5%。Rizk 模型预测值的平均误差随着粒径的增大而逐渐增大。② Matsumoto 模型预测值的平均误差最大。不同粒径下，Matsumoto 模型预测值的平均误差基本维持在 50% 左右。③ 新模型预测值的平均误差较小且分布范围较窄，位于 11.9%～15.5% 之间。新模型对大粒径煤屑沉积速度的预测值偏高。煤屑质量流量增加，钻杆内煤屑数量增加，并且由于钻杆转动的影响煤屑与钻杆壁面的碰撞次数增加，大粒径的煤屑能量损失较大。为了保持煤屑输送更加稳定和防止煤屑沉积，需要增加输送风量，煤屑沉积速度因此也相应增加。这表明新模型中转速的重要性。新模型引入了转速无量纲参数，而在其他模型和试验中并没有考虑转速这个因素，这造成了新模型的预测值偏高。在预测煤屑沉积速度时，影响因素众多使得各种模型的预测结果会有误差。在负压取样过程中，以较低取样风速输送煤屑时，钻杆内煤屑集聚会不利于取样，所以更希望预测的煤屑沉积速度较大些。相较于其他预测模型，新模型展示了较好的适用性。

通过数值模拟和量纲分析，根据煤屑密度、气体密度、煤屑粒径、钻杆管径、气固比、转速等参数确定了负压取样临界取样风速所需的煤屑沉积速度。在实际取样过程中，考虑到钻杆长度、煤屑之间及煤屑与钻杆壁间发生的碰撞摩擦以及煤屑的动能量损失，选取的取样风速应比沉积速度稍大。一般选取煤屑沉积速度的 1.5～2.5 倍作为负压取样时的临界取样风速。

# 第 6 章
# 钻孔负压取样过程中压降特性研究

在井下煤层钻孔中，负压取样过程实质上是煤屑-气两相流在管径中的稀相气力输送的过程。不论是穿层孔取样时还是顺层孔取样时，钻孔倾角对钻杆内煤屑-气流动特性均产生较大影响。在理论上，保持足够大的风速和压降可以对煤屑进行源源不断地输送，但过大的风速和压降会加大能量损耗，增加取样成本。因此，对倾斜状态下负压取样过程中煤屑-气的压降进行预测具有重要意义。依据不同影响因素对煤屑-气运动的具体影响现象，分析不同倾角对负压取样过程中钻杆内煤屑-气的压降影响，采用量纲分析法建立倾角负压取样过程中的压降预测模型，为负压取样的工程应用奠定理论基础。

## 6.1 钻孔负压取样过程中压降构成研究

在钻孔倾斜条件下，负压取样时煤屑-气在钻孔-钻头-钻杆内的流动过程主要分为三个阶段：纯气相在钻杆与钻孔壁之间形成的环形域内流动；煤屑-气在负压引射条件下由取样钻头的流体孔进入钻杆；煤屑-气在负压作用下在钻杆中流动至孔口。

气相流在钻杆与钻孔壁间的环形区域内的运动为纯空气流动，仅产生纯气相摩擦压降 $\Delta P_a$。在负压作用下，气流携带煤屑通过钻头的流体孔进入钻杆内部时气流方向发生改变，同时两相流在流体孔处产生压降 $\Delta P_n$。煤屑-气两相流在钻杆内部输送过程所产生的压损分成两个部分：煤屑在空气曳力作用下加速运动产生的加速压降 $\Delta P_{ma}$ 和煤屑-气以恒定的速度差在钻杆内部流动所产生的匀速摩擦压降 $\Delta P_{mf}$。因此，如图 6-1 所示，在负压取样过程中产生的总压降 $\Delta P$ 可表示为：

$$\Delta P = \Delta P_a + \Delta P_n + \Delta P_{ma} + \Delta P_{mf} \tag{6-1}$$

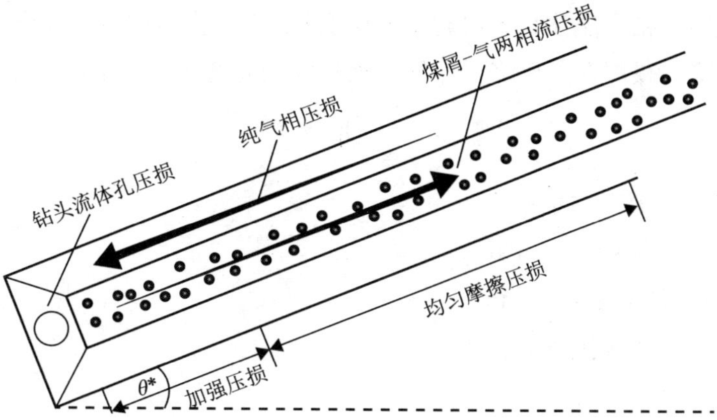

图 6-1　负压取样过程中总压降

### 6.1.1　纯气相摩擦压降

负压取样时由于空气的密度较小，所以可忽略空气沿钻孔倾角方向流动时因重力而产生的悬浮提升压降。空气在钻杆与孔壁间的环形空间流动产生的摩擦压降，可根据达西公式计算得到：

$$\Delta P_{\mathrm{a}}=\frac{\lambda_{\mathrm{a}}\rho_{\mathrm{a}}Lv_{\mathrm{a}}^{2}}{2D_{环}} \tag{6-2}$$

式中　$L$——钻杆长度，m；

$v_{\mathrm{a}}$——气流速度，m/s；

$D_{环}$——钻杆与孔壁间环形孔间的当量直径，m；

$\rho_{\mathrm{a}}$——空气密度，kg/m³；

$\lambda_{\mathrm{a}}$——空气沿程阻力系数。

$\lambda_{\mathrm{a}}$ 计算公式为：

$$\lambda_{\mathrm{a}}=\frac{0.316}{Re^{0.25}}\left(2\,320<Re<10^{5}\right)$$

$$\lambda_{\mathrm{a}}=0.003\,2+\frac{0.221}{Re^{0.237}}\left(Re>10^{5}\right)$$

其中，$Re$ 为雷诺数。

### 6.1.2　煤屑-气两相流进入钻头流体孔处压降

煤屑–气两相流进入钻头流体孔处压损相当复杂。煤屑从煤壁剥落后受曳力作用与空气流汇合形成煤屑–气两相流，且其由气流载携进入钻头流体孔。由于钻杆高速旋转，钻头流体孔方向时刻发生变化，因此钻头流体孔处压损主要由纯气相摩擦压降、煤屑自重压降、煤屑摩擦压降和局部压降等组成，即：

$$\Delta P_{\mathrm{n}}=\delta\frac{\gamma_{\mathrm{a}}v_{\mathrm{a}}^{2}}{2g}\left(1+m_{\mathrm{g}}k\right) \tag{6-3}$$

式中 $\delta$——气流阻力系数；

$v_{\mathrm{a}}$——气流速度，m/s；

$\gamma_{\mathrm{a}}$——空气容重，$\mathrm{N/m^3}$；

$g$——重力加速度，$\mathrm{m/s^2}$；

$m_{\mathrm{g}}$——固气比；

$k$——煤屑摩擦压降系数。

煤屑摩擦压降系数与煤屑物理特性、流体孔结构和两相流动力特性有关，反映煤屑进入流体孔时产生的旋转、提升、摩擦等局部压降，需经试验测定。

### 6.1.3 煤屑-气两相流在钻杆内压降

煤屑-气两相流进入钻杆后，在曳力作用下，煤屑在风流带动下首先做加速运动，然后煤屑速度趋于稳定，最终煤屑可视为做等速运动。煤屑-气流动消耗的能量均由气流的压能和重力的分量来提供。因此煤屑-气两相流在钻杆内运动的压降主要包括煤屑-气的加速压降、悬浮提升压降（上、下向孔）以及等速段的摩擦压降。

（1）煤屑-气加速压降

煤屑初速度为0，经气流加速后煤屑达到最终速度$v_{\mathrm{g}}$。依据牛顿第二定律、功能原理，煤屑-气在加速段压降$\Delta P_{\mathrm{ma}}$为：

$$\Delta P_{\mathrm{ma}}=\left[1+m_{\mathrm{g}}\left(\frac{v_{\mathrm{s}}}{v_{\mathrm{g}}}\right)^{2}\right]\rho_{\mathrm{a}}\frac{v_{\mathrm{g}}^{2}}{2} \tag{6-4}$$

式中 $v_{\mathrm{s}}$——煤屑达到最终速度$v_{\mathrm{g}}$时气流速度。

（2）煤屑悬浮重力压降

在倾角条件下，煤屑颗粒在钻杆微长度$\Delta l$内以$v\sin\theta$的速度运移，要使煤屑处于悬浮运动状态，需克服其重力作用以防止其沉积到钻杆底部。悬浮压力造成的空气压降$\Delta P_{\mathrm{sf}}$为：

$$\Delta P_{\mathrm{sf}}=\Delta l\frac{v_{\mathrm{n}}}{v_{\mathrm{s}}}\rho_{\mathrm{a}}gm \tag{6-5}$$

式中 $m$——煤屑质量，kg；

$v_n$——煤屑悬浮速度，m/s。

在倾斜状态下，煤屑在钻杆输送过程因重力产生的空气压降$\Delta P_t$可表示为：

$$\Delta P_t = \Delta l \rho_a g m \sin\theta^* \tag{6-6}$$

在下向钻孔取样时，煤屑-气两相流向上运动需克服重力做功，煤屑重力加大了空气压降，$\Delta P_t$为正值；在上向钻孔取样时，煤屑颗粒向下运移与重力分量方向一致，减小了摩擦压降，$\Delta P_t$为负值。因此，钻杆中煤屑颗粒运移产生的悬浮重力压降$\Delta P_{st}$为：

$$\Delta P_{st} = \Delta l \rho_a g m\left(\frac{v_n}{v_s} \pm \sin\theta^*\right) \tag{6-7}$$

（3）等速段摩擦压降

根据附加压降法，煤屑-气两相流在钻杆中等速段输送的摩擦压降$\Delta P_{mf}$为：

$$\Delta P_{mf} = \Delta P_a + \Delta P_s \tag{6-8}$$

$$\Delta P_s = m\lambda_s \frac{\rho_g v_g^2 L}{2D} \tag{6-9}$$

$$\Delta P_a = \lambda_a \frac{\rho_a v_s^2 L}{2D} \tag{6-10}$$

式中 $\Delta P_a$——气相摩擦压降，Pa；

$\Delta P_s$——煤屑运动的摩擦压降，Pa；

$\lambda_s$——煤屑摩擦压降系数；

$\lambda_a$——气相摩擦压降系数。

因此，煤屑-气两相流在钻杆内等速段的摩擦压降$\Delta P_{mf}$可近似表达为：

$$\Delta P_{mf} = \left(\lambda_a + m\lambda_s\right)\frac{\rho_g v_g^2 L}{2D} \tag{6-11}$$

由以上分析可见，在倾斜状态负压取样时，煤屑-气两相流在钻杆内部输送的摩擦压降受气相摩擦阻力系数与煤屑附加压降系数影响较大。气相摩擦阻力系数可查阅资料获得，然而煤屑附加压降系数则需通过模拟试验来测定，并采用量纲分析法得出。为确定倾斜角度负压取样工况下的煤屑附加压降系数，需建立煤屑附加压降系数模型。

# 6.2 钻孔负压取样过程中压降特性分析

## 6.2.1 钻孔倾角对钻头-钻杆内压降影响

下面量化分析钻孔倾角对负压取样过程中钻头–钻杆内压降的影响。在上向钻孔（15°、30°、45°、60°）、下向钻孔（–15°、–30°、–45°、–60°）、水平钻孔（0°）中，钻杆全长的压降模拟结果如图 6–2 和图 6–3 所示。在 Fluent-EDEM 耦合模拟过程中，负压输送过程中钻杆转速保持在 100 r/min，气流速度为 20 m/s，煤屑颗粒粒径设为 2 mm，煤屑颗粒的质量流量为 0.02 kg/s。

由图 6–2 可知，当钻孔存在正向仰角时，煤屑–气两相流在钻头–钻杆一体模型中的总压降曲线呈现明显的分段式变化：① 煤屑–气两相流刚进入钻头流体孔处时压降急速上升。② 在曳力及重力作用下，煤屑–气两相流在钻杆内流动的摩擦压降平稳上升。煤屑在气流携带下由钻孔进入钻头流体孔时，截面面积瞬间收缩，加剧了煤屑颗粒与颗粒间的无规则碰撞，并且气流易在流体孔附近形成涡流，增大了煤屑–气、煤屑与孔壁之间的摩擦压降。此外，在保持取样参数不变的前提下，钻杆内煤屑–气两相流的总压降随着仰角的增加而逐渐降低。随着仰角的增大，煤屑重力沿轴向运动的分量增大，这减小了颗粒悬浮提升压降，更有利于煤屑在钻杆中的输送。

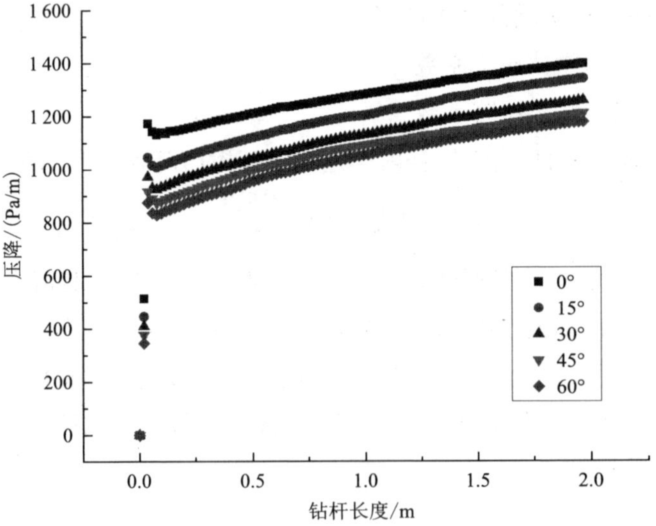

（a）

图 6–2　不同正向仰角取样时钻杆内压降变化曲线

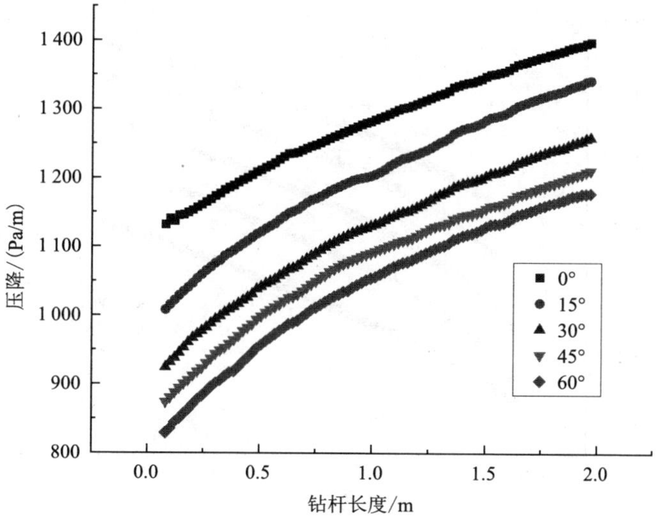

（b）

图 6-2（续）

由图 6-3 可知，当钻孔存在负向倾角时，煤屑-气两相流的总压降仍呈现与当钻孔存在正向仰角时的相同的分段式变化；在保持取样参数不变的前提下，钻杆内煤屑-气两相流的总压降随着负向倾角的增加而逐渐增大。在负向倾角下，煤屑-气两相流向上输送需克服重力。随着俯角的增大，煤屑颗粒的悬浮提升压降逐渐增大。因此负向倾角（下向钻孔）的存在不利于煤屑在钻杆中的输送，当钻杆内部风速不足时甚至无法取样。

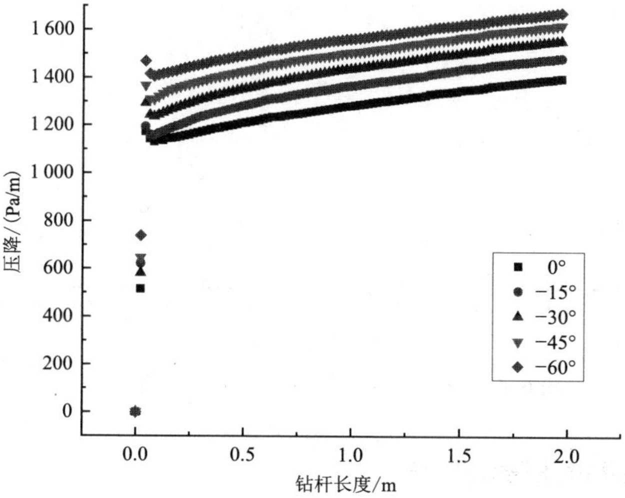

（a）

图 6-3　不同负向倾角取样时钻杆内压降变化

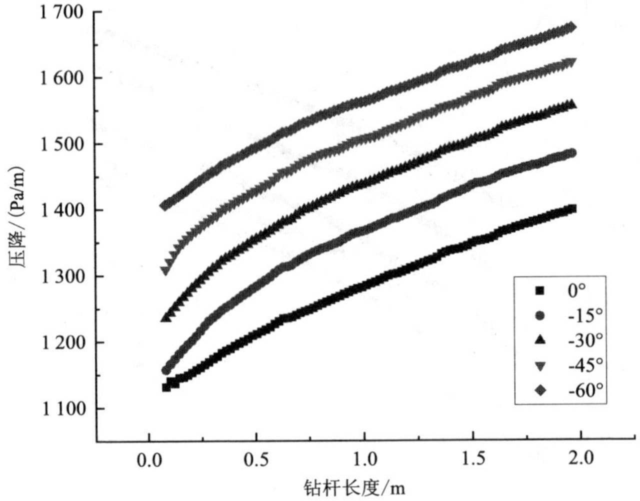


(b)

图 6-3（续）

在倾斜钻孔中，负压取样时钻杆内压降与钻孔倾角的关系曲线如图 6-4 所示。由图 6-4 可以看出，在保持取样参数不变的情况下，钻孔倾角由负向到正向变化过程中，钻杆内两相流的压降逐渐降低。

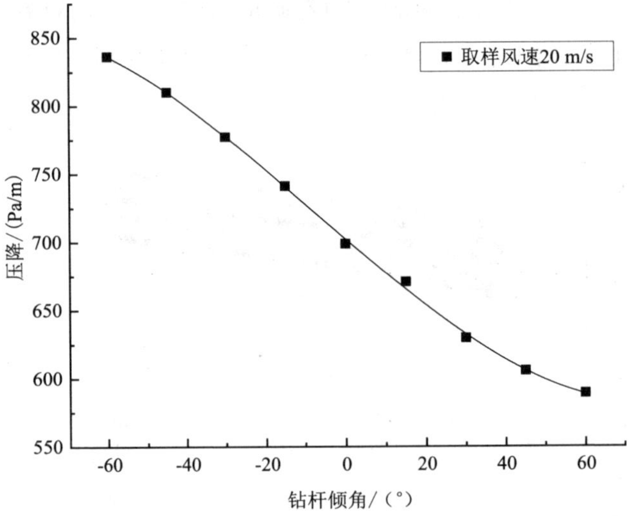


图 6-4 钻杆内压降与钻孔倾角关系曲线

### 6.2.2 取样风速对压降的影响

为了详细探究取样风速对负压取样过程中压降的影响，在保持钻杆转速为 100 r/min、颗粒质量流量为 0.02 kg/s 的条件下，模拟气流速度分别为 5 m/s、10 m/s、15 m/s、20 m/s 和 25 m/s 时钻杆全长的压降，其结果如图 6-5 所示。

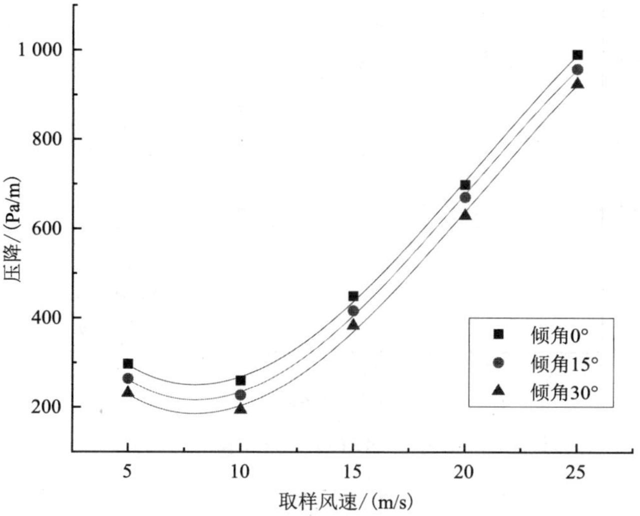


图 6-5　取样风速对钻杆内压降的影响

由图 6-5 可以看出，在相同煤屑质量流量下，随取样风速增加，不同倾角取样时压降先减小后增大，最小压降风速为 10 m/s 左右，遵循气相输送相图的压降变化趋势。钻杆内的压降由气相压降和固相压降构成。取样风速较低(5 m/s)时，煤屑易在钻杆底部出现沉降堆积，煤屑间、煤屑与钻杆壁面的碰撞摩擦较多，导致固相压降增大。随取样风速增加，钻杆内固气比减小，煤屑颗粒间、煤屑与钻杆壁面的碰撞概率大大降低，固相压降随之减小。

### 6.2.3　钻杆转速对压降的影响

为了详细探究钻杆转速对负压取样过程中压降的影响，在保持取样风速为 20 m/s，颗粒质量流量 0.02 kg/s 不变的条件下，模拟钻杆转速分别为 50 r/min、100 r/min、150 r/min 和 200 r/min 时钻杆全长的压降，其结果如图 6-6 所示。

由图 6-6 可以看出，在同一钻孔中保持煤屑质量流量不变的情况下，钻杆内两相流的压降随转速增加而逐渐降低。这主要是因为：随着钻杆转速的增加，钻杆前端靠近钻头处形成的旋流愈明显，气流带动煤屑在钻杆内部悬浮做螺旋运动，从而降低煤屑与钻杆壁面的接触碰撞的概率，并且在螺旋流运动中气流的阻力也明显减少。

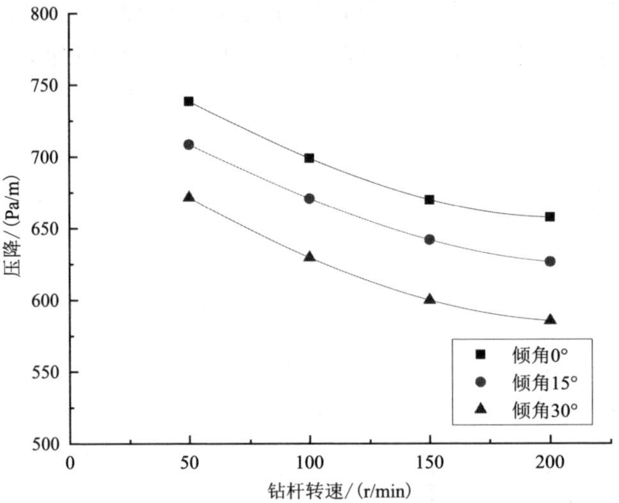


图 6-6　钻杆转速对两相流压降的影响

## 6.3　多因素下负压取样过程中压降模型建立

### 6.3.1　量纲分析法引入

经 5.1 节分析可知，在倾斜状态下负压取样过程中钻杆内煤屑-气两相流的压降主要取决于气相摩擦系数和固相附加压降系数。气相摩擦系数仅与气流状态有关，并且易得到。准确计算固相的附加压降系数是预测倾斜角度下负压取样过程中两相流压降的关键。而煤屑附加压降系数是颗粒-气、颗粒-颗粒、颗粒与管壁碰撞摩擦引起的能耗综合作用的体现。国内外众多学者采用理论分析和试验方法对附加压降系数模型展开了研究，但尚未建立统一的气力输送固相附加压降系数模型。

量纲分析法常被用来预测固相附加压降系数。固相附加压降系数 $\lambda_s$ 与相关系数的关联表达式为：

$$\lambda_s = K\left(m_g\right)^a \left(Fr\right)^b \tag{6-12}$$

式中　$a$，$b$，$K$——待定系数；

$Fr$——弗劳德系数，

$$Fr = {v_a}\Big/{\sqrt{gD}}$$

$D$——管道内径，m；

$m_g$——固气比。

随后考虑沿程管道内气体密度的变化，引入气相与固相的密度比（$\rho_a / \rho_s$），得到改进的固相附加压降模型为：

$$\lambda_s = K\left(m_g\right)^a \left(Fr\right)^b \left(\frac{\rho_a}{\rho_s}\right)^c \tag{6-13}$$

通过不同类型颗粒密相 / 稀相气力输送试验，考察颗粒粒径对两相流压降的影响，得到的改进模型为：

$$\lambda_s = 2.1\left(m_g\right)^{-0.3} \left(Fr\right)^{-2} \left(Fr_s\right)^{0.5} \left(\frac{D}{d_s}\right)^{0.1} \tag{6-14}$$

在气力输送过程中，如果气固两相流稳定输送，那么可将其视为一种均匀的混合介质。使用组合摩擦系数 $\lambda_t$ 来预测压降，并引入空隙率函数和两个无量纲数（改进的摩擦系数和改进的雷诺数）。依据“杨氏稀相输送压降预测理论”，$\lambda_t$ 的表达式为：

$$\lambda_t = 0.117\left[\left(1-\varepsilon\right)\frac{\mu_f}{\sqrt{gD}}\right]^{-1.15} \frac{\left(1-\varepsilon\right)}{\varepsilon^3} \tag{6-15}$$

Szikszay 和 Williams[67] 认为，气力输送过程的压降与固相和气相都有关，应该考虑两者对压降影响所占的比例，因此引入综合摩擦因子 $\lambda_e$ 构建新的压降模型。

$$\lambda_e = K\left(Fr\right)^a \left(m_g\right)^b \left(\frac{d_s}{D}\right)^c \tag{6-16}$$

试验结果表明，固相附加压降系数受颗粒间相互碰撞、气固摩擦、颗粒与管道壁面碰撞摩擦的综合影响。Setia 等[68-70] 基于双层流动理论引入了固气比和无量纲速度两个参数，提出了双层流动固相附加压降系数模型。

$$\lambda_s = \tau_1\left[K\left(VLR\right)^a \left(\frac{w_{fo}}{V}\right)^b\right] + \tau_2\left[\frac{\lambda_s^* C}{V} + \frac{2\beta_0}{\left(\frac{C}{D}\right) Fr^2}\right] \tag{6-17}$$

Sharma[71] 通过试验发现固相输送速度与实际气流速的比沿轴向逐渐增加，于是引入无量纲速度比（$u_s / u_a$）对双层固相附加压降系数模型进行了改进。

$$\lambda_s = \tau_1\left[K\left(VLR\right)^a \left(\frac{w_{fo}}{V}\right)^b\right] + \tau_2\left[\lambda_s^* \frac{u_s}{u_a} + \frac{2\beta_0}{\left(\frac{u_s}{u_a}\right) Fr^2}\right] \tag{6-18}$$

式中 $VLR$——体积加载率；

$w_{fo}$——悬浮颗粒的自由沉降速度。

综上所述，上述固相附加压降系数模型均是基于特定的试验条件下（且均为水平管道中的气力输送）通过回归拟合得到的经验表达式，并未考虑管道倾角对压降的影响，适用性有限。由于井下煤层负压取样过程的特殊性和复杂性，需根据负压取样的实际工况条件（钻孔倾角、钻杆转速、取样风速、颗粒固气比、钻头结构、钻杆内径等），建立与之相适应的煤屑附加压降系数模型，为负压取样过程的压降预测做铺垫。

### 6.3.2 倾斜角度下煤屑附加压降系数模型建立

为建立倾斜角度下煤屑附加压降系数模型的量纲方程，首先应确定煤屑附加压降系数的影响因素。以往研究表明，固相附加压降系数与固相的物理特性无关，而与颗粒粒径与管道内径比、固相与气相密度比、固气比、气流的表观风速等因素有关。不仅如此，煤层负压钻孔取样时煤屑附加压降系数还随钻孔倾角、钻杆转速变化而改变。取样风速和钻杆内径的影响可通过弗劳德数表征。采用同一取样工具取样时，煤屑/气密度比可视为常数。输送体系的空隙率可通过稳定流动时的固气比表征。根据式（6-9），煤屑附加压降系数可表示为：

$$\lambda_s = \frac{2D\Delta P_p}{m_g L \rho_g v_g^2} \tag{6-19}$$

式中 $v_g$——取样风速，m/s；

$\rho_g$——气流密度 kg/m$^3$；

$L$——钻杆长度，m；

$D$——钻杆内径，m；

$m_g$——固气比；

$v_a$——气流速度，m/s。

煤屑产生的压降 $\Delta P_p$ 可由钻杆内的总压降减去纯气相压降得到：

$$\Delta P_p = P_{mf} - \Delta P_g \tag{6-20}$$

钻杆内的煤屑-气总压降和纯气相输送相图均可根据负压取样气力输送模拟结果得到，通过进一步计算得到煤屑附加压降系数。不同倾斜角度下，煤屑附加压降系数与取样风速、钻杆转速等因素的关系曲线如图 6-7 和图 6-8 所示。

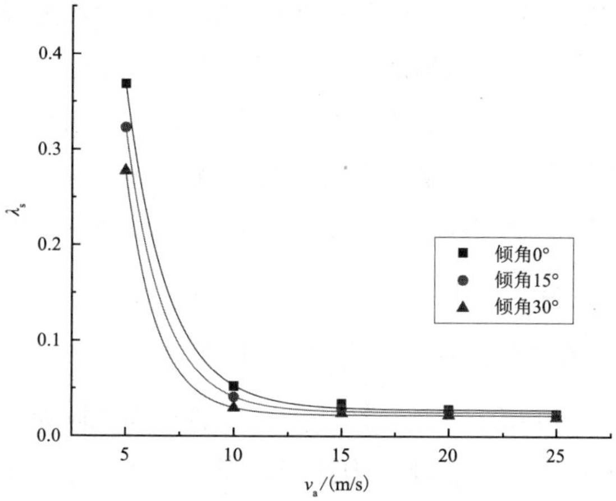


图 6-7　正向仰角取样时 $\lambda_s$ 与 $v_a$ 的关系曲线

由图 6-7 可以看出，不同仰角（上向孔）下，煤屑附加压降系数与取样风速呈明显的负指数变化趋势。当煤屑质量流量相同时，煤屑附加压降系数随着取样风速增大而逐渐减小。当 $v_a$ 足够大时，$\lambda_s$ 趋于定值。随着取样风速增大，钻杆内的载气量增大，煤屑颗粒可更容易悬浮于钻杆内，减少了颗粒间与钻杆内壁面的摩擦碰撞甚至堆积，煤屑呈悬浮态进行输送，导致煤屑附加压降系数减小。此外，在正向仰角情况下，钻杆内部相同取样风速时，煤屑附加压降系数随着钻孔倾角的增大而逐渐减小，这表明钻杆在正向仰角状态下取样更有利于排渣。

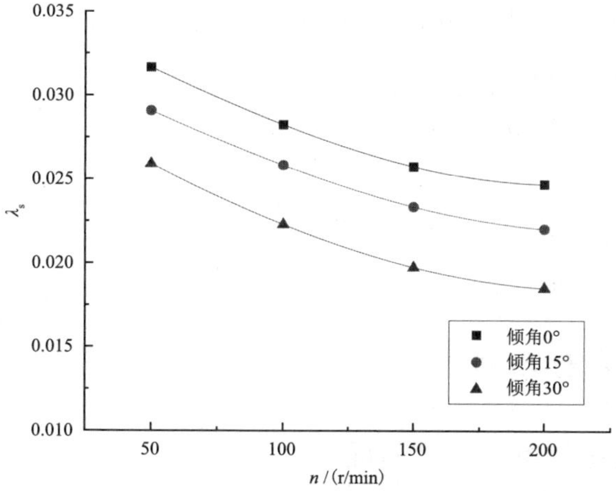


图 6-8　正向仰角取样时煤屑附加压降系数与钻杆转速的关系曲线

由图 6-8 可以看出，在相同仰角、固气比条件下，煤屑附加压降系数随钻杆转速增大而逐渐降低，这与两相流降压趋势相符合。当钻杆转速增加时，钻杆前端靠近钻头处形成的旋流愈明显，气流带动煤屑在钻杆内部悬浮做螺旋运动，从而降低煤屑与钻杆壁面的接触碰撞的机率，因此煤屑附加压降系数减小。

经上述分析可知，在水平状态下，煤屑附加压降系数取决于颗粒与气体的特性，如：固气比、钻杆直径、煤屑粒径、取样风速、转速等。采用同一取样工具取样时，不考虑固气比、煤屑粒径的影响，且用弗劳德数表征取样风速与钻杆内径的关系。根据 $\pi$ 定理进行量纲分析得到以下 $\pi$ 项：

$$\pi_1 = \lambda_s\text{；}\quad \pi_2 = \frac{v_a}{\sqrt{gD}} = Fr\text{；}\quad \pi_3 = n$$

由图 6-7 和图 6-8 可知，在倾斜钻孔中，煤屑附加压降系数随钻孔倾角变化而变化。根据附加压降法引入悬浮重力压降因子 $c$，可以得到倾斜角度下煤屑附加压降系数的量纲分析表达式为：

$$\lambda_s = K(Fr)^a(n)^b \pm c\cdot\sin\theta \qquad (6\text{-}21)$$

其中，$K$、$a$、$b$、$c$ 均为待定系数。

根据负压取样 Fluent-EDEM 气固耦合模拟的压降结果对煤屑附加压降系数进行多元回归分析，得到倾斜角度下煤屑附加压降系数模型中的待定系数为：

$$K=2.264\text{，}\ a=-1.341\text{，}\ b=-0.179\text{，}\ c=0.013$$

因此，负压取样时煤屑附加压降系数模型为：

$$\lambda_s = 2.264(Fr)^{-1.341}(n)^{-0.179} \pm 0.013\cdot\sin\theta \qquad (6\text{-}22)$$

需注意的是，此煤屑附加压降系数预测模型的适用范围为：

① 钻杆内径 $D$=40 mm；

② 煤屑质量流量 $M_c$=0.02 kg/s；

③ $-30° \leqslant \theta \leqslant 30°$；

④ 5 m/s $\leqslant n \leqslant$ 25 m/s；

⑤ 5 r/min $\leqslant n \leqslant$ 200 r/min。

## 6.3.3 压降预测模型验证

### 6.3.3.1 煤屑附加压降系数模型验证

为验证倾斜角度下压降模型的准确性，需对倾斜角度下煤屑附加压降系数模型进行验证。为此，将采用新建的煤屑附加压降系数模型［式(6-22)］预测的附加压降系数值与 Fluent-EDEM 耦合模拟得出的附加压降系数值进行对比分析。新增钻孔倾角（−20°、−10°、20°、10°）下煤屑附加压降系数模拟预测值和试验值结果，如图 6-9 所示。

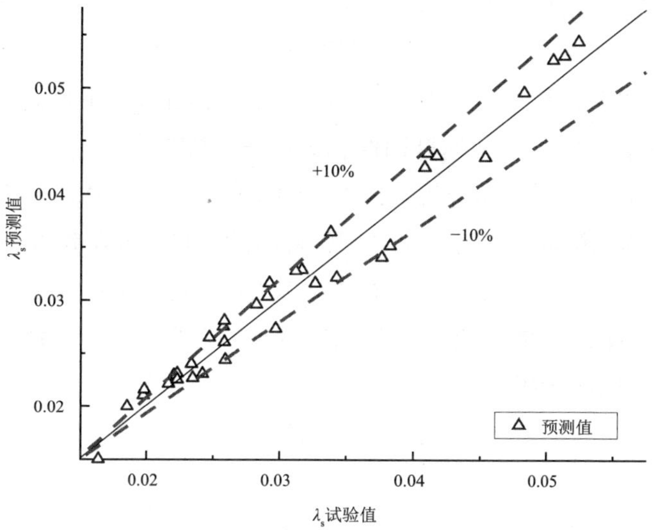


图 6-9　煤屑附加压降系数模拟预测值与试验值对比

如图 6-9 所示，在倾斜角度下预测负压取样的煤屑附加压降系数时，采用考虑钻孔倾角影响的新模型［见式(6-22)］计算出的压降系数与 Fluent-EDEM 耦合模拟得到的压降系数间的误差基本在 ±10% 以内，其预测值大致略高于试验值，这表明所建的倾斜角度下煤屑附加压降系数模型可靠。随着钻孔倾角增大，计算的煤屑附加压降系数与模拟的和实测的误差逐渐加大。由于钻孔倾角变化不仅仅影响煤屑悬浮重力压降，还对煤屑-气加速压降以及煤屑等速段的摩擦压降产生一定影响，而建立新的煤屑附加压降系数预测模型时简化了这一过程，所以在倾角较大时煤屑附加压降系数计算值与实测值有所偏差。

### 6.3.3.2　倾斜角度下负压取样时总压降预测

建立倾斜角度下煤屑附加压降系数模型是为了预测负压取样时钻杆内部的压降。故在研究的钻孔倾角（−60°、−45°、−30°、−15°、0°、15°、30°、45°、60°）基础上新增钻孔倾角（−20°、−10°、10°、20°），取样风速为 10～25 m/s，钻杆转速保持在 50～200 r/min 条件下，将煤屑附加压降系数模型的预测结果代入式（6-11）得到的压降值与 Fluent-EDEM 耦合模拟得到的钻杆内压降值进行对比，如图 6-10 所示。

由图 6-10 可以看出，在钻孔倾角为 −30°～30°，取样风速为 10～25 m/s，钻杆转速保持在 50～200 r/min 条件时，采用煤屑附加压降系数模型得到的钻杆内压降值与 Fluent-EDEM 耦合模拟得到的压降值对比误差在 ±15% 以内，这说明所建的煤屑附加压降系数模型可以用来预测倾斜角度下负压取样时钻杆内的总压降。根据负压取样条件不同，随着钻孔倾角由负向到正向增大，钻杆内两相流的压降逐渐降低；当取样风速增加时（达到 10～25 m/s 时），在倾斜角度下钻杆内的两相流压降也逐渐增大；但钻杆内两相流的压降随钻杆转速增加而逐渐降低。在钻杆内径一定的条件下，弗劳德数较大表明煤屑的惯性力作用较强，即煤屑颗粒的速度较大，煤屑的质量浓度较低，则钻杆内的两相流的压降以摩擦压降为主；煤屑附加压降系数随气流速度的增加而变化不大；弗劳德数较小意味着气流速度较低，煤屑的质量浓度较高，此时倾斜角度下煤屑自身重力对钻杆内两相流的压降的贡献最大，起主导作用。

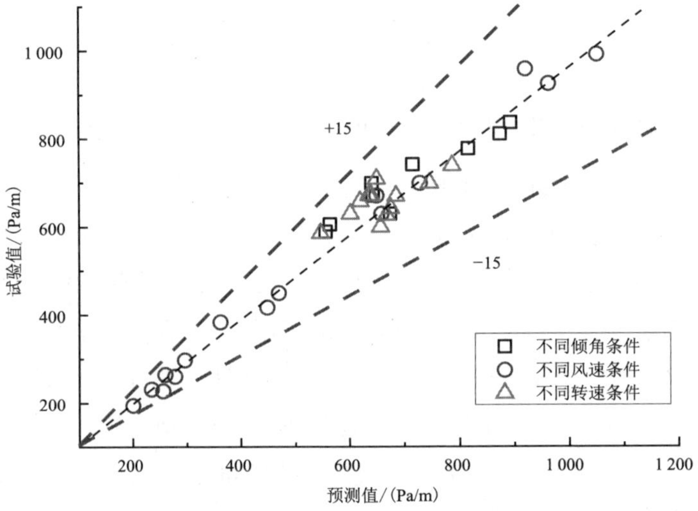


图 6-10　压降模拟预测值与模拟试验值对比

# 参考文献

[1] HYDER L M, BRADLEY M S A, REED A R, et al. An investigation into the effect of particle size on straight-pipe pressure gradients in lean-phase conveying[J]. Powder Technology, 2000, 112(3): 235-243.

[2] 李丹阳,刘姝,王晓宁. 颗粒粒径对气力输送影响的数值模拟与分析[J]. 中国粉体技术, 2015, 21(6): 8-11.

[3] LAOUAR S, MOLODTSOF Y. Experimental characterization of the pressure drop in dense phase pneumatic transport at very low velocity[J]. Powder Technology, 1998, 95(2): 165-173.

[4] BEHERA N, AGARWAL V K, JONES M, et al. Modeling and analysis of solids friction factor for fluidized dense phase pneumatic conveying of powders[J]. Particulate Science and Technology, 2013, 31(2): 136-146.

[5] 沈骝. 高压浓相气力输送中倾斜管阻力特性研究[D]. 南京:东南大学, 2015.

[6] QIAN X, SHI D, YAN Y, et al. Effects of moisture content on electrostatic sensing based mass flow measurement of pneumatically conveyed particles[J]. Powder Technology, 2017, 311: 579-588.

[7] LIN D, RINOSHIKA A. Comparison between rotation swirler and non-rotation swirler in a horizontal swirling flow pneumatic conveying[J]. Powder Technology, 2019, 346: 396-402.

[8] TRIPATHI N M, NAVEH R, KALMAN H. Experimental pressure drop analysis for horizontal dilute phase particle-fluid flows[J]. Powder Technology, 2017, 321: 355-368.

[9] TRIPATHI N M, LEVY A, KALMAN H. Acceleration pressure drop analysis in horizontal dilute phase pneumatic conveying system[J]. Powder

Technology，2018，327：43–56.

［10］ CUI Y，GAO H，SUN J，et al. Numerical simulation of gas–solid flow in a conveying vessel［J］. Powder Technology，2012，226：34–42.

［11］ MAKWANA A B，PATANKAR A，BOSE M. Effect of dune formation on pressure drop in horizontal pneumatic conveying system［J］. Particulate Science and Technology，2015，33(1)：59–66.

［12］ MIAO Z，KUANG S，ZUGHBI H，et al. CFD simulation of dilute–phase pneumatic conveying of powders［J］. Powder Technology，2019，349：70–83.

［13］ WANG Y，WILLIAMS K，JONES M，et al. CFD simulation methodology for gas–solid flow in bypass pneumatic conveying–A review［J］. Applied Thermal Engineering，2017，125：185–208.

［14］ SOMMERFELD M，LAIN S. Parameters influencing dilute–phase pneumatic conveying through pipe systems：a computational study by the Euler/Lagrange approach［J］. The Canadian Journal of Chemical Engineering，2015，93(1)：1–17.

［15］ PATRO P. Effect of numerical parameters on pressure drop prediction in pneumatic conveying［J］. Multiphase Science and Technology，2016，28(3)：247–257.

［16］ ARIYARATNE HIROMI W K，RATNAYAKE C，MELAAEN M C. CFD modeling of dilute phase pneumatic conveying in a horizontal pipe using Euler–Euler approach［J］. Particulate Science and Technology，2019，37(8)：1015–1023.

［17］ TSUJI Y，TANAKA T，ISHIDA T. Lagrangian numerical simulation of plug flow of cohesionless particles in a horizontal pipe［J］. Powder Technology，1992，71(3)：239–250.

［18］ TRIPATHI N M，SANTO N，KALMAN H，et al. Experimental analysis of particle velocity and acceleration in vertical dilute phase pneumatic conveying［J］. Powder Technology，2018，330：239–251.

［19］ WANG Y，Williams K C，Jones M G，et al. Pressure drop prediction with a modified frictional–kinetic model for alumina in bypass pneumatic conveying system［J］. International Journal of Multiphase Flow，2016，79：159–171.

[20] [20] 杜俊，张文亮，祝英豪，等．基于离散元法的旋埋刀辊功率分配特性研究 [J]．安徽农业大学学报，2022，47 (6)：1031-1037.

[21] LI K，KUANG S B，PAN R H，et al．Numerical study of horizontal pneumatic conveying：effect of material properties[J]．Powder Technology，2014，251：15-24.

[22] EBRAHIMI M，CRAPPER M．CFD-DEM simulation of turbulence modulation in horizontal pneumatic conveying[J]．Particuology，2017，31：15-24.

[23] XU L，ZHANG Q，ZHENG J，et al．Numerical prediction of erosion in elbow based on CFD-DEM simulation[J]．Powder Technology，2016，302：236-246.

[24] ZHOU J，LIU Y，DU C，et al．Numerical study of coarse coal particle breakage in pneumatic conveying[J]．Particuology，2018，38：204-214.

[25] WILSON R，DINI D，VAN WACHEM B．The influence of surface roughness and adhesion on particle rolling[J]．Powder Technology，2017，312：321-333.

[26] ZBIB H，EBRAHIMI M，EIN-MOZAFFARI F，et al．Comprehensive analysis of fluid-particle and particle-particle interactions in a liquid-solid fluidized bed via CFD-DEM coupling and tomography[J]．Powder Technology，2018，340：116-130.

[27] ARIYARATNE HIROMI W K，RATNAYAKE C，MELAAEN M C．Application of the MP-PIC method for predicting pneumatic conveying characteristics of dilute phase flows[J]．Powder Technology，2017，310：318-328.

[28] KUANG S B，ZHOU M M，YU A B．CFD-DEM modelling and simulation of pneumatic conveying：a review[J]．Powder Technology，2020，365：186-207.

[29] 杜俊，胡国明，方自强，等．弯管稀相气力输送 CFD-DEM 法数值模拟 [J]．国防科技大学学报，2014，36(4)：134-139.

[30] ZHAO H M，ZHAO Y．CFD-DEM simulation of pneumatic conveying in a horizontal channel[J]．International Journal of Multiphase Flow，2019，118：64-74.

[31] 李诗久，周晓君．气力输送理论与应用 [M]．北京：机械工业出版社，1992.

[32] 贺春辉，沈湘林，周海军．煤粉高压密相气力输送稳定性分析 [J]．化工学

报，2014，65(3)：820-828.

[33] RABINOVICH E, KALMAN H. Boundary saltation and minimum pressure velocities in particle–gas systems[J]. Powder Technology, 2008, 185(1): 67-79.

[34] RABINOVICH E, KALMAN H. Phenomenological study of saltating motion of individual particles in horizontal particle–gas systems[J]. Chemical Engineering Science, 2010, 65(2): 739-752.

[35] LEE H Y, HSU I S. Investigation of saltating particle motions[J]. Journal of Hydraulic Engineering, 1994, 120(7): 831-845.

[36] MATSUMOTO S, KIKUTA M, MAEDA S. Effect of particle size on the minimum transport velocity for horizontal pneumatic conveying of solids[J]. Journal of Chemical Engineering of Japan, 1977, 10(4): 273-279.

[37] WEBER M. Principles of hydraulic and pneumatic conveying in pipes[J]. Bulk Solids Handling, 1981, 1(1): 57-63.

[38] RIZK F. Pneumatic conveying at optimal operation conditions and a solution of Bath's equation[J]. Proc. Pneumotransport, 1976, 3: 443-458.

[39] OCHI M. Saltation velocity of the gas-solid twophase flow in a horizontal pipe[J]. Industrial & Engineering Chemistry Fundamentals, 1991, 6(1): 63-72.

[40] SHADE B. Zum übergang Sprung-Strähnenförderung bei der horizontalen pneumatischen feststoffförderung[J]. Master's Thesis, University of Karlshruhe, 1987, 3: 158-165.

[41] RABINOVICH E, KALMAN H. Threshold velocities of particle-fluid flows in horizontal pipes and ducts: literature review[J]. Reviews in Chemical Engineering, 2011, 27(5/6): 166-171.

[42] BIOBAKU A, SCHMITZ W, NAIDOO R. Evaluation and comparison of saltation velocity correlations in the context of pulverised fuel transportation[J]. Energy, 2019, 181: 694-708.

[43] CABREJOS F J, KLINZING G E. Minimum conveying velocity in horizontal pneumatic transport and the pickup and saltation mechanisms of solid particles[J]. Bulk Solids Handling, 1994, 14(3): 541-550.

[44] OESTERLÉ B, DINH T B. Experiments on the lift of a spinning sphere in a

range of intermediate Reynolds numbers[J]. Experiments in Fluids, 1998, 25(1): 16-22.

[45] KLINZING G E, MARCUS R D, LEUNG L S, et al. Pneumatic conveying of solids: a theoretical and practical approach[J]. Drying Technology, 1993, 11(4): 859-860.

[46] [46]HONG J, SHEN Y, TOMITA Y. Phase diagrams in dense phase pneumatic transport[J]. Powder Technology, 1995, 84(3): 213-219.

[47] PAN R. Material properties and flow modes in pneumatic conveying[J]. Powder Technology, 1999, 104(2): 157-163.

[48] 赵凯伟,陆海峰,郭晓镭,等. 具有不同粒度的两种工业煤粉竖直管气力输送特性 [J]. 高校化学工程学报, 2018, 32(5): 994-1003.

[49] 孙晓峰,纪国栋,王克林,等. 大斜度井偏心环空钻柱旋转对岩屑运移的影响 [J]. 特种油气藏, 2015, 22(6): 133-136.

[50] 郝志勇,周正啟,潘一山. 煤体应力与钻杆转速关系的试验研究 [J]. 采矿与安全工程学报, 2019, 36(1): 158-165.

[51] BAGHERNEJAD Y, HAJIDAVALLOO E, HASHEM ZADEH S M, et al. Effect of pipe rotation on flow pattern and pressure drop of horizontal two-phase flow[J]. International Journal of Multiphase Flow, 2019, 111: 101-111.

[52] CLOOS F J, ZIMMERMANN A L, PELZ P F. Two turbulent flow regimes at the inlet of a rotating pipe[J]. European Journal of Mechanics - B, 2017, 61: 330-335.

[53] HAN S M, WOO N S, HA J H, et al. Flow characteristics of a solid-liquid non-Newtonian fluid for directional drilling[J]. Journal of Nanoscience and Nanotechnology, 2020, 20(1): 384-395.

[54] HESHAMUDIN NURSYAFIQAH S. Experimental investigation of the effect of drill pipe rotation on improving hole cleaning using water-based mud enriched with polypropylene beads in vertical and horizontal wellbores[J]. Journal of Petroleum Science and Engineering, 2019, 179: 1173-1185.

[55] MALAGALAGE A, ARIYARATNE W K H, RATNAYAKE C, et al. Experiments and simulations for horizontal pneumatic transport of dry drill

cuttings[J]. Chemical Engineering & Technology, 2018, 41(8): 1531-1537.

[56] EPELLE E I, GEROGIORGIS D I. CFD modelling and simulation of drill cuttings transport efficiency in annular bends: effect of particle sphericity[J]. Journal of Petroleum Science and Engineering, 2016, 32(6): 1432-1439.

[57] GHASEMIKAFRUDI E, HASHEMABADI S H. Numerical study on cuttings transport in vertical wells with eccentric drillpipe[J]. Journal of Petroleum Science and Engineering, 2016, 140: 85-96.

[58] HEYDARI O, SAHRAEI E, SKALLE P. Investigating the impact of drill-pipe's rotation and eccentricity on cuttings transport phenomenon in various horizontal annuluses using computational fluid dynamics (CFD)[J]. Journal of Petroleum Science and Engineering, 2017, 156: 801-813.

[59] AKHSHIK S, BEHZAD M, RAJABI M. On the particle-particle contact effects on the hole cleaning process via a CFD-DEM model[J]. Particulate Science and Technology, 2016, 34(6): 736-743.

[60] PANG B X, WANG S Y, WANG Q J, et al. Numerical prediction of cuttings transport behavior in well drilling using kinetic theory of granular flow[J]. Journal of Petroleum Science and Engineering, 2018, 161: 190-203.

[61] PANG B X, WANG S Y, JIANG X X, et al. Effect of orbital motion of drill pipe on the transport of non-Newtonian fluid-cuttings mixture in horizontal drilling annulus[J]. Journal of Petroleum Science and Engineering, 2019, 174: 201-215.

[62] PANG B X, WANG S Y, LU C L, et al. Investigation of cuttings transport in directional and horizontal drilling wellbores injected with pulsed drilling fluid using CFD approach[J]. Tunnelling and Underground Space Technology, 2019, 90: 183-193.

[63] 王馨雪. 基于 CFD-DEM 方法对井筒内岩屑运移规律的研究 [D]. 大庆: 东北石油大学, 2018.

[64] OFEI T N, IRAWAN S, PAO W. CFD method for predicting annular pressure losses and cuttings concentration in eccentric horizontal wells[J]. Journal of Petroleum Engineering, 2014, 2014: 1-16.

[65] SORGUN M, ULKER E. Modeling and experimental study of solid-liquid

two-phase pressure drop in horizontal wellbores with pipe rotation[J]. Journal of Energy Resources Technology, 2016, 138(2): 022902.

[66] 杨道龙. 钻采法气力输送充填关键技术研究 [D]. 徐州：中国矿业大学, 2016.

[67] 周甲伟. 煤炭颗粒旋流气力输送机理及性能研究 [D]. 徐州: 中国矿业大学.

[68] 刘通, 蔡晋生, 屈崑. 壁面粗糙度湍流扩展模型及流动数值模拟 [J]. 航空动力学报, 2018, 33(8): 1981-1989.

[69] RABINOVICH E, KALMAN H. Generalized master curve for threshold superficial velocities in particle–fluid systems[J]. Powder Technology, 2008, 183(2): 304-313.

[70] HUBERT M, KALMAN H. Experimental determination of length-dependent saltation velocity in dilute flows[J]. Powder Technology, 2003, 134(1-2): 156-166.

[71] KHAN T S, DAI Y, ALSHEHHI M S, et al. Experimental flow characterization of sand particles for pneumatic transport in horizontal circular pipes[J]. Powder Technology, 2016, 292: 158-168.

[72] CARCIONE J M. Wavefronts in dissipative anisotropic media: comparison of the plane-wave theory with numerical modeling[J]. Geophysics, 1996, 61(3): 857-861.

[73] CARCIONE J M. Reflection and transmission of $q_P$-$q_S$ plane waves at a plane boundary between viscoelastic transversely isotropic media[J]. Geophys. J. Int., 1997, (129): 669-680.

[74] CARCIONE J M. Effects of attenuation and anisotropy on reflection amplitude versus offset[J]. Geophysics, 1998, 63(5): 1652-1658.

[75] CARCIONE J M. Effects of vector attenuation on AVO of offshore reflections[J]. Geophysics, 1999, 64 (3): 815-819.

[76] CARCIONE J M. A model for seismic velocity and attenuation in petroleum source rocks[J]. Geophysics, 2000, 65: 1080-1092.

[77] 王恩利. 基于各向异性的复合介质弹性波场模拟与特征分析 [D]. 吉林：吉林大学, 2008.

[78] CARCIONE J M. Amplitude variations with offset of pressure-seal reflec-

tions[J]. Geophysics, 2001, 66(1): 283-293.

[79] CARCIONE J M. AVO effects of a hydrocarbon source-rock layer [J]. Geophysics, 2001, 66(2): 419-427.

[80] YANG W C. A correlation for solid friction factor in vertical pneumatic conveying lines[J]. AIChE Journal, 1978, 24(3): 548-552.

[81] MAKWANA A B, PATANKAR A, BOSE M. Effect of dune formation on pressure drop in horizontal pneumatic conveying system[J]. Particulate Science & Technology, 2014, 33(1): 59-66.

[82] 裴宇. 褐煤煤粉的高压密相气力输送试验与数值模 [D]. 南京:东南大学, 2015.

[83] EPELLE E I, GEROGIORGIS D I. CFD modelling and simulation of drill cuttings transport efficiency in annular bends: effect of particle sphericity[J]. Journal of Petroleum Science and Engineering, 2016, 32(6): 1432-1439.

[84] SOMMERFELD M, KUSSIN J. Wall roughness effects on pneumatic conveying of spherical particles in a narrow horizontal channel[J]. Powder Technology, 2004, 142(2-3): 180-192.

[85] SOMMERFELD M. Theoretical and experimental modelling of particulate flows[J]. Lecture series, 2000, 6: 3-7.

[86] 董盛,李维佳. 稀相气力输送弯管磨损的数值模拟及设计改进 [J]. 科技创新与应用, 2015, 53 (19): 1-3.

[87] 卢汶希. 基于 CFD-DEM 方法的垃圾气力输送管道磨损与优化研究 [D]. 武汉:华中科技大学, 2022.

[88] 蔡海峰,熊源泉,周海军. 水平弯管高压密相气力输送数值模拟 [J]. 东南大学学报(自然科学版), 2019, 49 (1): 154-163.

[89] 赵赫民. 基于 CFD-DEM 方法的气力输送数值模拟研究 [D]. 杭州:浙江大学, 2020.

[90] 黄卓. 弯管内粉体中浓度气力输送数值模拟研究 [D]. 西安:西安交通大学, 2006.

[91] KUANG S B, YU A B, ZOU Z S. Computational study of flow regimes in vertical pneumatic conveying[J]. Industrial & Engineering Chemistry Research, 2009, 48(14): 6846-6858.

［92］韩静．波动式分层流水平管气力输送的特性研究［D］．南京：东南大学，2011．

［93］段成栋．基于 FLUENT-EDEM 微细颗粒在不同湍流环境中的运动机理研究［D］．徐州：中国矿业大学，2020．

［94］汤子瑜．屋顶光伏组件表面气力清洁设备设计与试验［D］．杭州：浙江理工大学，2022．

［95］EBRAHIMI M，CRAPPER M．CFD-DEM simulation of turbulence modulation in horizontal pneumatic conveying［J］．International Journal of Multiphase Flow，2018，22：18-27．

［96］AKHSHIK S．CFD-DEM simulation of the hole cleaning process in a deviated well drilling：the effects of particle shape［J］．Particuology，2016，25：72-82．

［97］YU A B，ZOU Z S．Computational study of flow regimes in vertical pneumatic conveying［J］．Industrial & Engineering Chemistry Research，2009，48(14)：6846-6858．

［98］XU L，ZHANG Q，ZHENG J，et al．Modelling fluidized dense-phase pneumatic conveying of fly ash［J］．Powder Technology，2015，270：39-45．

［99］ZHOU J．Numerical study of coarse coal particle breakage in pneumatic conveying［J］．Particuology，2019，28：214-219．

［100］LI K，KUANG S B，PAN R H，et al．Numerical study of horizontal pneumatic conveying：effect of material properties［J］．Powder Technology，2014，251：15-24．

［101］WEI W，GUO Q L，ZHANG J S，et al．A modified correlation to calculate solid friction factor for horizontal dilute phase pneumatic conveying［J］．Powder Technology，2012，218：64-68．

［102］SETIA G，MALLICK S S．Modelling fluidized dense-phase pneumatic conveying of fly ash［J］．Powder Technology，2015，270：39-45．

［103］SETIA G，MALLICK S S，PAN R，et al．Modeling solids friction factor for fluidized dense-phase pneumatic transport of powders using two layer flow theory［J］．Powder Technology，2016，294：80-92．

［104］SHARMA K，MALLICK S S，MITTAL A，et al．Modelling solids friction for fluidized dense-phase pneumatic conveying[J]. Particulate Science and Technology, 2020, 38(4): 391-403.

[105] 董良国. 一阶弹性波动方程交错网格高阶差分解法 [J]. 地球物理学报, 2000, 43(3): 411-419.